U0214367

广东省农业入侵有害生物防控技术路线图

吕利华　齐国君　主编

SPM 南方出版传媒
广东科技出版社｜全国优秀出版社
·广　州·

图书在版编目（CIP）数据

广东省农业入侵有害生物防控技术路线图/吕利华，齐国君主编. —广州：广东科技出版社，2020.6
ISBN 978-7-5359-7504-1

Ⅰ.①广… Ⅱ.①吕…②齐… Ⅲ.①作物—外来入侵动物—动物危害—防治—广东—图集②作物—外来入侵植物—防治—广东—图集 Ⅳ.①S44-64②S45-64

中国版本图书馆CIP数据核字（2020）第108727号

广东省农业入侵有害生物防控技术路线图
Technology Roadmap for Prevention and Control of Invasive Alien Species in Guangdong

出 版 人：朱文清
责任编辑：尉义明 于 焦
装帧设计：创溢文化
责任校对：李云柯
责任印制：彭海波
出版发行：广东科技出版社
（广州市环市东路水荫路 11 号 邮政编码：510075）
销售热线：020-37592148/37607413
http：//www.gdstp.com.cn
E-mail：gdkjzbb@gdstp.com.cn（编务室）
经 销：广东新华发行集团股份有限公司
印 刷：广州市东盛彩印有限公司
（广州市增城区新塘镇太平洋工业区十路 2 号）
规 格：787mm × 1 092mm 1/16 印张 7 字数 150 千
版 次：2020 年 6 月第 1 版
2020 年 6 月第 1 次印刷
定 价：80.00 元

《广东省农业入侵有害生物防控技术路线图》编委会

主　编：吕利华　齐国君

副主编：佘小漫　岳茂峰　刘海军

编　委：何自福　田兴山　胡学难　冯　莉

何日荣　章玉苹　何余容　陈　婷

石庆型　高　燕　汤亚飞　蓝国兵

本书由广东省科技计划项目“广东省农业入侵有害生物防控技术路线图”（2013A080500013）资助出版。

序

PREFACE

生物入侵（Biological invasion）是指生物由原生存地经自然的或人为的途径侵入到另一个新的环境，对入侵地的生物多样性、农林牧渔业生产，以及人类健康造成经济损失或生态灾难的过程。生物入侵已被列为当今世界最为棘手的三大环境难题（生物入侵、全球气候变化和生境破坏）之一。

广东省是我国沿海对外开放的重要门户，也是我国重大农业外来生物入侵的前沿阵地，其特殊的地理、气候、寄主植物等条件十分适宜外来入侵物种的生存和繁衍。广东省连续多年成为检疫性有害生物截获量最多和外来入侵生物发生危害最重的省份，在入侵有害生物检疫和防控方面具有重要战略地位。在广东省科学技术厅的指导下，由广东省农业科学院植物保护研究所牵头，广东省内从事生物入侵研究的科研院所、检疫部门、高校、政府相关部门等共同开展了广东省农业入侵有害生物防控技术路线图的编制工作。

由于农业外来入侵生物的复杂性，合理地将入侵生物划分为入侵害虫、入侵植物病害和入侵杂草，通过市场需求分析、产业目标分析、技术壁垒分析、研发需求分析，制定出广东省农业入侵有害生物防控技术路线图，为广东省农业入侵有害生物防控产业的发展指明了道路和方向。编者为此做了大量的工作，进行了充分地分析和研究，为广东省农业入侵有害生物防控产业勾画出了一个轮廓，具有重要的指导意义。

李丽英

广东省生物资源应用研究所

（原广东省昆虫研究所）研究员

2020年2月

前言

FOREWORD

技术路线图是一种重要的战略决策技术和方法，广东省科学技术厅在全国率先开展产业技术路线图制定工作，针对战略性新兴产业、传统产业、创新平台、一镇一业、特色产业基地、创新中心等研究制定产业技术路线图，理清了产业发展过程中的关键技术和共性技术，充分发挥产业技术路线图在农业技术领域的指导作用，提升了广东省农业科技自主创新能力。

本书依据产业技术路线图的基本原理，以市场需求为驱动力，通过对市场需求、产业目标和技术壁垒的分析，结合国内外生物入侵的现状，提炼出适合广东省农业入侵有害生物防控产业发展的目标，规划实现广东省农业入侵有害生物防控产业体系合理发展的时间表和行动计划，目的是提升广东省防范生物入侵研究的整体水平和竞争力，并为生物入侵研究的相关部门和技术人员提供指南或决策依据。

广东省农业入侵有害生物防控技术路线图的编制是在广东省科学技术厅的领导下，由广东省农业科学院植物保护研究所、广州海关技术中心、广东省农业农村厅植保植检处、广东省农业有害生物预警防控中心、仲恺农业工程学院、广东省林业科学研究院、广东省生物资源应用研究所、华南农业大学等单位的相关专家组成核心工作组，通过收集相关资料、设计调研问卷、召开研讨会、绘制和修订技术路线图的程序完成的。

在农业入侵有害生物防控技术路线图的编制过程中，专家们沿着“市场需求分析—产业目标分析--技术壁垒分析—研发需求分析”的路线，从广东省农业入侵有害生物防控技术研究的战略高度，凝练出广东省未来农业入侵有害生物防控技术发展的总体目标和在此目标指导下的产业目标和绩效目标，并确定对广东省入侵有害生物研究发展影响重大的关键技术和共性技术项目。通过凝聚众多专家对未来目标的看法，确定出理性的发展进程并绘制出技术路线图，形成了《广东省农业入侵有害生物防控技术路线图》一书。此书凝聚了项目参加人员、广东省内外生物入侵领域的专家、学者的智慧和力量，对广东省农业入侵有害生物防控技术领域的研究和发展具有一定的指导作用。由于时间仓促，书中或存在疏漏、欠妥之处，衷心欢迎读者批评指正。

编　者

2020年1月

目录

目录

第一章

生物入侵状况背景分析

第一节

生物入侵防控技术路线图制定的背景意义

外来入侵生物是通过有意或无意的人类活动而被引入一个非本源地区的非本地物种。随着世界经济全球化发展、人员流动、国家间贸易日益频繁，外来生物入侵正在呈现种类不断增多、频率不断加快、范围持续扩大、危害明显加重的趋势，生物入侵现象越来越普遍，所造成的影响愈加严重。生物入侵已对社会、经济及生态环境等造成了巨大威胁和危害，成为当前全球面临的共同难题和迫切需要解决的问题，受到世界各国、各相关国际组织、科学家乃至公众的广泛关注。

我国是全球遭受外来生物入侵影响最大的国家之一，几乎所有类型的生态系统中都有入侵生物发生。据不完全统计，截至目前入侵我国的外来生物有640余种，其中大面积发生、危害严重的有100多种。在世界自然保护联盟（International Union for Conservation of Nature，IUCN）所列的全球100种最具威胁的外来入侵物种中，入侵我国的就有51种，这些外来入侵物种已导致严重的经济损失与生态灾难。目前我国面临的生物入侵形势十分严峻，数十种入侵有害生物猖獗为害，数百种入侵生物威胁生态安全，未来还可能有数千种外来生物对我国造成难以估量的为害，生物入侵已给我国的农业生产、国际贸易、生态系统、人畜健康造成了严重影响，每年给我国农林业、生态环境等造成的损失超过2 000亿元。

我国的生物入侵防控是一项长期而艰巨的系统工程，为了有效应对和控制外来生物入侵危害，我国正在加大资金投入力度，从防控科学理论基础到应用技术体系等多个方面开展工作，政府层面已加强对生物入侵的管理能力，外来入侵物种的防控已纳入了政府公共管理和服务范畴，我国政府已在法律法规的建设、科研资金的投入、管理体制与机制的建立等方面积累了丰富的经验。无论是入侵物种的预防还是控制，都离不开公众的参与，但目前为止，公众仍是我国生物入侵防控中最薄弱的环节。目前在科研方面，科学技术部、农业农村部、生态环境部、自然资源部等有关部门设立了多项生物入侵防控技术创新的专项研究，已形成了一支高水平的研究队伍，并在数据库建设、检验监测技术、预警体系构建、扩散阻断技术、生物防治等方面取得了突破性的进展，并力图建立起一套行之有效的预防、阻击、控制与管理的技术措施与技术标准体系。迄今为止，我国整体上对生物入侵的产业进程、产业发展、技术创新战略和研发计划组织管理的方向性不够明确，未能形成生物入侵防控技术创新体系。

广东省地处我国改革开放的前沿地带，对外交流十分频繁，进出口贸易数量巨大，成为众多外来生物入侵我国的一个主要通道；同时也是我国重大植物疫情传入蔓延并造成严重危害的地区之一，在入侵有害生物检疫和防控方面具有重要的战略地位。此外，广东省地处热带、亚热带区域，气候温暖湿润，盛产水果、蔬菜等多种农产品，动植物资源丰富，为外来入侵生物的定殖、生存、扩散和为害提供了得天独厚的环境及食物条件。近年来，入侵广东省的外来入侵生物呈现出种类增多、频率加快、蔓延加速、危害加剧的趋势。如何防控外来有害生物入侵，减少其对广东省农业生产及生态环境的威胁是目前广东省外来入侵生物研究所面临的重要问题之一，这也关系到全国外来入侵生物的防控水平。

广东省农业入侵生物防控技术路线图是促进生物入侵防控与研究保持持久优势、竞争力的思维方法和工具，在解决入侵生物防控关键技术和共性技术问题中起到重要的指导作用。广东省农业入侵生物防控技术路线图的制定是依据产业技术路线图的基本原理，以市场需求为驱动力，通过对市场需求、产业目标和技术壁垒的分析，结合国内外生物入侵的现状，提炼出适合广东省农业入侵有害生物防控产业发展的总体目标、产业目标和绩效目标，规划实现广东省农业入侵有害生物防控产业体系合理发展的时间表和行动计划，对提升广东省农业入侵有害生物防控研究的整体水平和竞争力具有重要的战略意义。

第二节

我国外来入侵生物的现状及防控技术

我国地域辽阔，栖息地种类多样，南北距离约5 500 km，东西距离约5 200 km，跨越50个纬度；我国具有寒温带、温带、暖温带、亚热带和热带5个气候带，来自世界各地的外来入侵物种都可能在我国找到合适的栖息地。此外，我国毗邻国家众多，有漫长的陆地边境线和海岸线，地形十分复杂，除了农田、森林、海洋等典型生态系统外，还有湿地、沼泽、沙漠、戈壁、高原、草原、岛屿等各类生态系统，这些自然特征使得我国成为遭受外来入侵生物危害最严重的国家之一。

目前我国面临的生物入侵形势十分严峻，具有入侵物种种类多、蔓延速度快、突发新疫情不断增加、口岸截获率持续上升、损失巨大等特点。外来生物入侵已严重影响我国的经济安全、生态安全、社会安全与国家利益，对我国农林牧渔业发展造成严重的经济损失，并破坏了农田、森林、草原、湿地、河流、岛屿及自然保护区等各种生态系统，严重威胁生物多样，导致生物遗传资源灭绝及生态灾难。

一、外来入侵昆虫的现状、防控策略及措施

1. 外来入侵昆虫的入侵现状

在外来入侵生物的种类中，入侵昆虫所占的比例大的问题极为突出，这是由于昆虫独特的生物学特性，使其传播途径多、入侵成功率高，并呈现出分布性广、灾难性强的特点，其造成的损失也甚为严重，入侵昆虫已成为外来入侵生物的强势类群和口岸检疫的防范重点。目前传入我国的外来入侵昆虫种类繁多，已超过200种。除了世界自然保护联盟公布的全球最具危险性的外来入侵昆虫，还有蔬菜、花卉、果树、林木害虫，仓储害虫和危害人类健康的环境卫生昆虫等。

外来入侵昆虫一般都具有适应性强、食性杂、繁殖量大等特点，在我国成功建立种群后，呈现不断蔓延的趋势，在我国34个省市区的几乎所有生态系统均可以发现外来入侵昆虫，我国多样化的生态环境、适宜的气候条件使得外来入侵昆虫肆意扩张；随着对外贸易的日益频繁，我国新发的危险性外来入侵害虫疫情不断发生，如近年来西花蓟马、红火蚁、扶桑绵粉蚧、草地贪夜蛾等重大入侵害虫疫情突发不断，其扩散

速度及蔓延面积十分惊人。

近年来，我国口岸进境植物检疫截获的有害昆虫种类与批次急剧增加，潜在的外来入侵害虫来源极其广泛，截获的入侵害虫来自全球大多数国家和地区。可根据不同害虫的生物学特性、危害情况等总结我国口岸截获外来害虫的入侵特点。豆象类、象甲类害虫具有钻蛀性，常隐藏在植物的籽实、果实中，在进境的豆类、进境船舶的食品舱、棕榈科苗木及旅客携带的杧果等进境水果中截获较多；实蝇类害虫也频频在旅客携带的水果和进口水果中被截获，且以东盟国家居多；红火蚁多次在进境废纸、木质包装和集装箱上被截获；钻蛀性蠹虫多在进境的木材、木质包装箱、木托盘和木垫板中被截获，且以来自东南亚和北美木质包装携带风险较高。掌握外来害虫入侵的特点，针对性的检疫可进一步提高检疫截获率，有效防范和控制其对我国的入侵。

外来入侵昆虫给我国经济安全、生态安全及社会安全构成了严重威胁。据推测，美国白蛾、湿地松粉蚧、松突圆蚧、稻水象甲、椰心叶甲、苹果蠹蛾、蔗扁蛾等重大外来入侵害虫疫情，每年给农林业生产造成的经济损失可高达数百亿元，除了直接危害造成经济损失外，外来入侵昆虫还可以通过其他方式造成间接危害，如传播植物病毒、影响出国创汇、进出口贸易，以及影响旅游业开发等。此外，外来入侵昆虫还对我国的生物资源、物种多样性、生态环境等构成严重威胁；一些外来入侵昆虫可以影响人类健康、破坏公共设施，从而影响社会安全。

2. 外来入侵害虫的防控技术策略

（1）进出口检验检疫及对外检疫处理。严格执行进出口检疫或对外检疫是防止危险性害虫传入我国的重要手段，通过口岸检疫，可切断外来有害昆虫的入侵通道，将外来入侵害虫阻挡在国门之外。近年来，我国从进境木材、木质包装、集装箱、水果及旅客携带水果中多次截获多种外来入侵昆虫，针对外来害虫的入侵特点，应采取针对性的措施加强对进境交通工具、货物及其包装、旅客携带物进行检疫，防止外来害虫被无意携带入境。而在国内植物检疫过程中，随着经济的发展、物资流通的频繁，新入侵害虫疫情发生的概率和风险显著增大。要防止或减缓其向内陆的扩散速度，严格执行检疫调控就显得尤为重要，特别要警惕各地疫情的边缘地带，在种苗的调运、各种木材制品或包装物的调运中都应严格把关。

外来入侵昆虫一旦传入并成功定殖便很难控制，应该在其未入侵或入侵早期进行控制或者根除，如果到其广泛扩散之后再加以控制，则需要付出很大的代价。控制外来入侵害虫的最有效途径就是阻止其传入目标地区、控制其在新入侵地区的进一步扩散。及时了解周边国家及有关贸易国潜在入侵害虫疫情动态，并预测外来入侵害虫在我国的潜在适生区域，对于外来入侵害虫的早期监测预警至关重要。此外，建立快速地检测与处理技术体系是进出口检疫的重要组成部分，但在外来入侵害虫的口岸鉴定或检测及检疫处理方面仍需要快速、高效、安全、环保的鉴定技术及除害处理手段。

（2）紧急扑灭和处理措施。对于新近传入的外来入侵害虫，要采取紧急扑灭和处理措施将它们消灭。可以建立外来入侵物种快速反应机制和体系，一旦发现外来入侵物种迅速作出反应，快速清除或消灭入侵物种。这就需要政府投入大量的、稳定的防控资金，科研部门加强沟通及信息交流，提出预防措施及应急控制技术方案，并通过各种媒体向公众进行宣传教育。

（3）科学综合治理技术。与本地种害虫不同，外来入侵害虫由于摆脱了原产地自然天敌的遏制，往往会在短时间内暴发成灾，单一的防治措施不能起到有效控制害虫的作用，只有合理采用农业防治、物理防治、化学防治和生物防治相结合的方法，实行科学综合治理，方能有效控制外来入侵害虫的危害。

农业防治是外来入侵害虫综合治理的基本措施，可以通过改变农田环境，创造不利于害虫发生发展的环境。农业防治的措施很多，主要包括使用抗虫品种、大面积种植害虫不嗜好的作物、轮作间作，及时清理田园、深耕翻土和适当调整播种期等，这些方法可在一定程度上控制入侵害虫的发生和为害。

物理防治是指根据不同昆虫的生活习性，利用光、电、色、味、温及机械设备等物理因子来控制外来入侵害虫。物理防治措施主要包括灯光诱杀、色板诱杀、人工捕杀、食料诱杀、性信息素诱杀、气味诱杀、色膜驱避、热处理、辐射不育等手段。一般而言，物理防控措施不污染环境，绿色环保，具有良好的生态效益。

化学防治不仅是外来入侵害虫入侵初期的应急防控措施之一，也是外来入侵害虫种群长期控制的重要举措。化学防治虽然可以快速杀死外来入侵害虫，但由于农药对环境有一定的污染，且重复使用同一种农药极易使害虫产生抗药性，此外，高毒农药也对天敌昆虫有较大的伤害。因此，化学防治尽量选用对天敌无毒或者杀伤力小的农药，对农药的剂量一定要控制，而且要不断更换农药类型，科学、合理轮换使用化学农药。

生物防治是利用天敌等生物因子来防治外来入侵害虫的方法，不污染环境，不杀伤有益生物，对人体无害，符合无污染防治外来入侵害虫的原则，因而在未来外来入侵害虫的综合防治中占有重要地位。

综合防控技术是以农业生态系统为基本单位，和谐地应用自然资源、农业技术并发挥系统内部的调节机制，科学合理使用农业防治、物理防治、化学防治和生物防治相结合的方法，生产高质量作物产品和保护生态环境的农业管理系统，保障农业可持续发展。

二、外来入侵植物病害的现状、防控策略及措施

1. 外来入侵植物病害的入侵现状和病原微生物

为防止危险性植物、有害动物传入我国，根据《中华人民共和国进出境动植物检疫法》及其实施条例等法律法规，2007年5月28日由原国家质量监督检验检疫总局、原农业部共同制定的《中华人民共和国进境植物检疫性有害生物名录》发布并实施，截至2017年6月，我国进境植物检疫性有害生物由原来的84种增至441种。入侵植物病害的病原主要包括原核生物（细菌）、真菌、线虫、病毒及类病毒等，我国进境植物检疫性植物病原微生物共有244种，包括真菌127种、原核生物58种、线虫20种、病毒及类病毒39种。

大部分植物病害的入侵是非自主性的，其入侵途径是通过无意引进的，即通过贸易或旅游由植物携带入境的；这些入侵病原微生物大多数形体微小，且引起的病害往往破坏性大、流行性强，极易通过各种途径在入侵地区进一步传播扩散，因此，外来入侵植物病原微生物一旦成功入侵，将对入侵地农业生产、经济发展乃至社会稳定和国家安全造成灾害性后果。

据不完全统计，我国主要的外来入侵植物病害有50多种，其中部分入侵植物病害给我国农业生产造成了极大的损失，如由大丽花轮枝菌和黑白轮枝菌侵染引起的棉花黄萎病是我国棉花生产中最严重的病害，一般发生会减产10%~30%，严重发生会导致棉田减产80%以上，甚至绝收，其每年造成经济损失15亿~20亿元。由西瓜嗜酸菌侵染引起的瓜类果斑病在我国20世纪90年代首次发现，目前，该病害已在新疆、甘肃、内蒙古、吉林等12个省区发生，该病害每年给我国制种业和嫁接苗生产造成直接经济损失超过1.4亿元。由烟粉虱传播的双生病毒已在亚洲、美洲、非洲和地中海地区等至少39个国家和地区分布和流行，给农业生产造成重大损失。木尔坦棉花曲叶病毒是引起棉花曲叶病的重要病毒之一，2006年该病毒在我国广东省首次被发现侵染为害朱槿，此后，相继在广西、海南、福建、云南和江苏等地发现该病毒侵染朱槿、黄秋葵、垂花悬铃花、陆地棉花和红麻等植物，为害面积迅速扩大，为害作物种类迅速增加，严重威胁着景观植物及农作物的生产。

生物入侵学科刚建立初期，国内研究主要集中在对入侵病原微生物的生物学鉴定、疫情调查和快速的检测技术。近年来，国内学者对外来入侵生物的数据库建设、入侵植物病害的适生性分析，以及入侵植物病害防控方面做了大量的工作，也取得一定进展。由中国科学院植物研究所建立的中国外来入侵物种信息系统（http://www.

iplant.cn/ias/）已投入使用，实现入侵物种信息共享。由广东省农业科学院植物保护研究所、广州海关技术中心、中国热带农业科学院环境与植物保护研究所、云南省农业科学院农业环境资源研究所和广西壮族自治区农业科学院植物保护研究所等单位联合攻关，创建了监测与应急防控关键技术，阻断有害生物的传入和扩散，并构建了由“境外监测与指导防控、口岸检验与检疫处理、境内监测与应急防控”三道防线组成的防控东盟有害生物入侵的新型阻截带及其技术体系，保障东盟农产品安全入境。

2. 外来入侵植物病害的防控技术策略

（1）加强外来入侵植物病原微生物的检测技术研究。入侵植物病害检测技术的快速、灵敏及特异性，对于控制外来病害的入境是极其重要的。近年来，随着国际贸易量的加大，农产品进口量剧增，进境农产品中检疫性植物病害病原菌入侵概率大大提高。检疫部门在植物病原的监测技术上融合了生理学、生物学、血清学等技术手段，创立了许多新的先进检测技术。如基于PCR的分子生物学检测的基础，检疫部门建立了RT-PCR、IC-PCR、PCR-SSCP、多重PCR、实时荧光定量PCR、LAMP-PCR等不同病原的快速检测技术，这些方法已广泛应用于植物病原微生物的检测，且检测最快可在半小时之内完成。

（2）切实加强外来入侵植物病害的检疫。入侵植物病原主要由农产品、种子、木材等媒介传入进境。近年来，我国从进境木材、进境农产品和引进种子中多次检疫出入侵植物病原，针对外来植物病害的入侵特点，应采取针对性的措施加强对进境交通工具、货物及其包装的检疫，防止外来入侵植物病害被无意携带入境。而在国内，随着经济的发展、物资流通的频繁，新入侵植物病害扩散的概率和风险显著增大。要防止或减缓其向内陆的扩散，加强检疫调控就显得尤为重要，特别要警惕各地疫情的边缘地带，在货物的调运中都应严格把关。

（3）紧急处理措施。对于新传入或刚刚成功定殖的外来入侵植物病害，要采取紧急处理措施，防止入侵植物病害为害范围进一步扩散与蔓延。建立外来入侵植物病害应急控制技术方案，如从源头上进行控制，严禁从疫区调运农产品、种子、木材等，及时清除疫区染病植株，避免入侵植物病害扩散到周边的适宜寄主上，并通过各种媒体向公众进行宣传教育。

（4）综合防控技术。外来入侵植物病害往往会在短时间内暴发成灾，单一的防治措施不能做到有效控制，只有合理采用农业防治、物理防治和化学防治相结合的综合防控技术措施，才能有效控制外来入侵植物病害的危害。

农业防治是外来入侵植物病害综合治理的基本措施。主要包括使用抗耐病品种、大面积种植非寄主作物、轮作、及时清除销毁病株、调节土壤pH、清除入侵植物病害病原的中间寄主、适当调整作物播种期等，这些方法可在一定程度上控制入侵植物病害的初侵染。

物理防治主要针对虫传病害。其防治措施主要包括灯光诱杀、色板诱杀、人工捕杀、性信息素诱杀、色膜驱避、热处理、辐射不育等，通过切断入侵植物病害的传播途径从而达到控制病害的扩散。

化学防治是外来入侵植物病害入侵初期的应急措施之一。针对入侵植物病害的特点选择高效、低毒、低残留的化学药剂。

但是目前尚缺乏系统、有效的外来入侵植物病害的防控技术体系。

三、外来入侵植物的现状、防控策略与措施

1. 外来入侵植物的入侵现状

我国外来入侵植物种类繁多，来源非常广泛。据统计，目前我国外来入侵植物有72科285属515种（含有待观察类，已确认入侵植物至少291种）。其中，蕨类植物有2种，被子植物有513种，其中含双子叶植物432种（约占总种数84%），单子叶植物81种。通过对外来入侵植物原产地的统计分析，我国外来入侵植物主要来自美洲热带地区，其余按照数量依次来源于美洲温带地区、欧洲、亚洲热带地区、非洲、亚洲温带地区。从全国各省区入侵植物发生情况来看，海南、广东、福建、台湾等东南沿海地区入侵植物种类最多，达到30种以上。我国中部地区其次，西部地区相对较少。总体趋势显示，我国外来入侵植物数量从南向北逐渐减少，从东南沿海向西北内陆递减。

外来入侵植物在我国的扩散速度十分惊人。先前在我国新疆分布的野莴苣，1984年以后扩散至辽宁；20世纪80年代传入深圳的薇甘菊已扩散到广西、海南等地，成为华南地区常见的入侵杂草。紫茎泽兰已蔓延至西南5个省区市，现仍以极快的速度向北扩散。原在我国东北、华北等地广泛分布的豚草现已扩散到福建、广东等地，成为入侵广东的重要外来杂草之一。20世纪60—80年代从英国、美国等国家引进的互花米草，截至2015年全国互花米草总面积约80万亩（亩为废弃单位，1亩＝1/15公顷≈666.7米^2），广泛扩散于我国的辽宁锦西到广东湛江的所有海岸线，已经到了难以控制的地步。最初不被关注的白花鬼针草现已成为华南地区分布面积最大的入侵杂草之一。

外来入侵植物给我国经济发展和生态环境带来巨大危害。如薇甘菊、白花鬼针草、紫茎泽兰、豚草、凤眼莲、空心莲子草、互花米草、少花蒺藜草等是我国危害最

为严重的外来入侵杂草。资料表明，仅因薇甘菊、紫茎泽兰、豚草及凤眼莲等几种外来入侵杂草每年造成的损失达140亿元。除对经济造成严重影响外，外来入侵植物对本地生物多样性也具有深远影响，如在白花鬼针草、南美蟛蜞菊等入侵杂草发生地，乡土植物几乎消失殆尽。植物入侵被认为是生物多样性丧失的主要因素之一。

2. 外来入侵杂草的防控技术策略

（1）化学防治。化学防治是一种高效防控外来入侵杂草的重要手段。虽然其不能根除外来入侵杂草，但在危害严重、面积大，人工清除有困难的地方适当采用化学药剂进行防治，可起到应急防控的效果。

我国学者针对不同外来入侵杂草在除草剂筛选、施用技术、作用机制及对环境生物的影响评价等方面开展了一系列研究，先后评价了草甘膦、草铵膦、2,4-D、森草净等除草剂对外来入侵植物的防控效果，并筛选出一批对入侵植物具有高效防控效果的除草剂。研究表明，吡啶类除草剂氨氯吡啶酸、三氯吡氧乙酸和氯氟吡氧乙酸对薇甘菊、飞机草、紫茎泽兰等菊科入侵杂草均具有良好的防控效果。氨氯吡啶酸、三氯吡氧乙酸可高效防控薇甘菊，在一定生境中可代替草甘膦或草铵膦。在环境影响方面，氨氯吡啶酸、森草净对本地草本植物有一定的影响。森草净对土壤原生动物群落有较大的影响，在2个月后依然有可能破坏土壤生态环境进而影响土壤肥力及动植物的生长。

（2）生物防治。采用天敌生物控制外来入侵杂草是基于天敌逃避假说的原理，它是一种无污染、低成本、不产生抗性、持效期长的防治方法。

近年来，我国在外来入侵杂草的生物防治方面取得了重要的成果，主要表现在入侵杂草天敌筛选引进及其生物生态学特性研究、控制技术优化和作用机制揭示等方面。在天敌引进方面，我国学者相继报道了一些新传入的天敌，如防控薇甘菊的天敌安婀珍蝶、薇甘菊柄锈菌，取食豚草的广聚萤叶甲，控制空心莲子草的链格孢菌。在天敌的生物生态学特性方面，研究了广聚萤叶甲的生物生态学特性、豚草卷蛾温湿度的适应性等。在天敌作用的调控方面，探明了中华微刺盲蝽对马缨丹的定向行为主要由于特有气味的趋向作用，而非视觉刺激作用；研究了不同生态型的空心莲子草对其天敌空心莲子草叶甲化蛹能力的影响；全面评价了引进天敌豚草卷蛾和本地天敌苍耳螟对豚草的联合控制作用，以及这两种天敌间的竞争作用。

（3）替代控制。目前，我国广泛应用了植物替代对外来入侵杂草进行控制。该方法的核心是根据植物群落演替的自身规律，用有生态或经济价值的植物取代入侵杂草，恢复和重建生态系统能力，建立起良性演替的生态群落。

在替代植物筛选方面，我国不同地区从不同的角度筛选出适合当地生长的控制入侵杂草的替代植物。我国学者筛选出可以控制薇甘菊的植物有杂交狼尾草、葛藤、大翼豆；可以高效控制黄顶菊的植物有高丹草、紫花苜蓿；可以高效控制少花蒺藜草的植物有杂交狼尾草、菊芋；适合控制紫茎泽兰的植物有王草、狼尾草等。

此外，我国学者在入侵杂草相应替代植物的使用方法和替代控制机理方面进行了研究，为应用替代植物控制入侵杂草奠定了理论基础。

第三节 外来入侵生物的防控策略及措施

近年来，随着国际贸易量不断增加、对外交流合作不断扩大、全球旅游业迅猛发展，外来入侵物种的种类和数量在全球范围内呈增长趋势，其造成的环境破坏和经济损失日益加重，在一些地区甚至造成了生态灾难。生物入侵已成为当今世界各国、各相关国际组织、科学家乃至公众最为关注的重大事件之一。美国、澳大利亚、新西兰等发达国家已制定了外来入侵物种管理的有关政策，建立了各种指南、技术准则，并进行了相应的立法，加强了本国对外来入侵物种的管理。国际自然保护与自然资源保护联盟（IUCN）、国际海事组织（IMO）等国际组织也制定了有关外来入侵物种引进预防、消除、控制和恢复等技术性指导文件。

一、国外对外来入侵生物防控策略及措施

1. 美国外来入侵生物现状及防控技术策略分析

美国的生物入侵问题早在19世纪中期就已出现，据估计，已有近50 000种外来物种（非本土）有意传入或无意引入美国，大约有25 000种外来植物、20种哺乳动物、近100种鸟类、53种两栖类和爬行类动物、138种鱼类、88种软体动物、4 500种节肢动物和20 000种微生物已经传入美国。不可否认，某些引进的外来物种为美国的农林业生产、食品工业、生态环境、旅游娱乐及宠物养殖业等作出了巨大的贡献，但与此同时，某些外来入侵生物也对农业、生物多样性、生态环境及人畜健康等方面构成了严重威胁，造成了巨大的经济损失。据估计，由外来微生物和其他寄生生物种类导致的美国家畜经济损失每年超过90亿美元，外来入侵生物造成的环境破坏程度及其导致灭绝的物种数量难以评估，其造成的生态、环境及社会影响也难以用货币来衡量。

美国政府对外来生物入侵十分重视，自1999年起，美国联邦政府相继颁布了第13112 号行政令、《国家入侵物种管理规划》和《公共健康安全和生物恐怖预警法案》等，其中国家入侵物种管理规划提出了在对付外来入侵物种问题时，应优先考虑领导和协作、预防、早期检测和快速反应、控制与管理、修复、国际合作、研究、信息管理、教育及公众意识9个方面，并建立了国家外来生物入侵防控战略体系，从国外预检

和疫情控制到口岸查验、国内监测和应急处理的全过程，都有效地加强了检疫监管，同时加强了与国外生物安全市场准入条件的协调和合作，较好地应对了世界贸易组织（WTO）成立后所要求的通关更加快速、贸易领域更加广泛的大量国际贸易需求，同时也为防范重大外来动植物疫病传入传出提供了保障。

2. 欧盟外来入侵生物现状及防控技术策略分析

欧盟已成为当今世界一体化程度最高、综合实力雄厚的国家联合体，现代化的交通工具运送大量的人员和货物进出欧盟，使得外来物种的传入变得不可避免，有些外来入侵生物已经对当地的生态系统、经济发展，以及公众健康产生了严重影响。据统计，目前已传入欧洲的入侵生物主要有植物、无脊椎动物、鸟类及哺乳动物等，外来入侵生物的入侵频率和危害性随着经济全球化、旅游贸易增长、全球气候变化及生态系统的破坏而变得更加严重。

面对严峻的局面，欧盟积极应对，制定了《应对生物入侵欧盟行动策略》，通过强化教育，提高公众警觉性；建立已入侵物种的目录并及时更新，与全球入侵物种信息网络实现信息共享，与国际自然保护与自然资源保护联盟密切合作；在国家层面上建立一个权威机构来领导该国的防控入侵生物事务；加强成员国之间及欧盟区域的合作；预防为主，加强第一道防线建设；建立了较完善的早期预警体系，对主要的监测点如机场、港口、码头、车站，以及旅游者经常光顾的地点进行定期监测并上报。在快速反应方面，欧盟要求成员国授权地方当局采取及时有效的措施，在第一时间内清除或控制入侵物种，在必要时考虑下达紧急命令，防止其进一步扩散，进行生态与经济损失评估，并恢复原有的生态及多样性。

3. 澳大利亚外来入侵生物现状及防控技术策略分析

澳大利亚是一个岛状大陆，海洋运输业十分发达，通过进出口贸易、旅游、海洋运输等途径有意或无意引入外来入侵生物的风险较大。18世纪以来，澳大利亚引进了大量的外来物种，其中包括作为有用物种而有意引进的动物和植物，但这些物种中有许多已成为危害农业和生态的有害物种，对农业、林业等经济生产造成了严重影响。在海洋入侵物种方面，主要的引进物种包括一些藻类和小型底栖生物种群，主要是通过压舱水的携带而进入了澳大利亚海域，对海洋生态环境造成了巨大的威胁。此外，澳大利亚还引进了许多脊椎动物，最初是为满足农业、狩猎等活动的需要而引进，而现在却发现它们对农业和生物多样性保护具有不利影响。

外来物种入侵问题已引起了澳大利亚政府、各社会团体和广大公众的高度重视。澳大利亚政府高度重视外来入侵生物的管理工作，制定了《澳大利亚国家生物多样性保护策略》，针对外来杂草和通过压舱水载入的海洋外来入侵生物的管理制定了《国家杂草策略》《杂草风险评价系统》和《压舱水指南》等法规和技术性文件，这对防止引进、控制和消除外来入侵生物发挥了重要的作用。此外，2005年澳大利亚为减轻突发性植物有害生物导致的农作物危害，制订了植物安全计划，划分为科学技术（预防、检测、控制）、教育和培训、商业化和交流三大类措施。

4. 日本外来入侵生物现状及防控技术策略分析

日本地处东亚，由数千个岛屿组成，国土被海洋完全包围，并未与任何国家的陆地相连，其岛国的生态环境更容易受到外来生物入侵威胁。据统计，日本现已确认为外来入侵物种2 232种，包括28种哺乳类、39种鸟类、13种爬行类、3种两栖类、44种鱼类、415种昆虫类、昆虫以外的39种节肢动物、57种软体动物、13种其他无脊椎动物、1 548种维管束植物、3种除维管束植物以外的植物和30种寄生生物。

日本政府已充分意识到外来入侵物种对生态系统造成的不利影响，特别是作为岛国，外来入侵物种引发的后果是无法改变的，日本政府对外来生物入侵这一问题非常重视。为预防外来物种对生态系统造成的不利影响，日本政府对引入、饲养（种植）、储存、运输外来物种等行为做了法律上的规定，2004年6月2日颁布了《外来入侵物种法》，之后又制定了《预防外来入侵生物对生态系统造成不利影响的基本政策》，法案包括总则、关于外来入侵物种的规定、外来入侵物种的防治、为划定的外来物种的管理规定、处罚条款、附加条款等7个方面，从而达到保护生态环境、保护生物多样性、保护人类安全和农业安全等目的。

5. 新西兰外来入侵生物现状及防控技术策略分析

新西兰地处大洋洲，位于太平洋西南部，由北岛、南岛、斯图尔特岛及其附近一些小岛组成，也是典型的岛屿国家，其独特的地理环境使得新西兰演化出了独一无二的生物世界，但也面临着更高的生物入侵风险。随着全球化进程的加快，新西兰对贸易和旅游的依赖性越来越强，这对于远离大陆、面积狭小的岛国而言，无疑给其生态安全系统带来更为严重的威胁和影响。

新西兰政府早就意识到本地种生物多样性保护的问题非常严重，有意引入或无意传入的外来物种加快了本地物种的灭亡速度。为了减少外来入侵物种的影响，新西兰政府采取了一系列积极行动来阻止本地物种衰减的趋势，2003年8月正式制定了生物安全战略，制定了一套成熟的、统一的行动方案用于统一控制生物入侵，被认为是世界上最好的生物安全体系。新西兰生物安全体系的构建是一个不断发展、完善的过程，也是一个复杂的社会系统工程。新西兰的生物安全体系包括完善的立法、强有力的管理体制、高效的部门之间的协调与运作、科技研究与适度的投资、公众很强的生物安全意识、政府的教育、广泛的公众参与、强有力的全球和区域关系等方面。

综上所述，生物入侵是全世界共同面临和普遍关注的环境问题，特别是在经济全球化的今天，仅靠单一国家采取行动收效甚微，全世界应共同防控外来有害生物入侵、减少对农林生产及生态环境的威胁。目前，国际社会已经拥有了50多份涉及生物入侵的国际性文件，其中具有法律效力的有《生物多样性公约》《卡塔赫纳生物安全议定书》《国际植物保护公约》《联合国海洋法公约》《保护野生迁徙动物物种公约》等，此外，许多区域性公约在应对该地区的外来入侵物种方面也发挥着不可替代的作用，也为防控外来生物入侵问题提供了重要参考和借鉴。

目前发达国家普遍采取的防控外来生物入侵的方法和技术主要有以下几种：

①信息共享。实行“黑白名单”制度，并根据国家法律禁止“黑名单”生物入境，接受过监测并已通过风险评估分析的生物，列入“白名单”，并将这些外来入侵物种信息建成数据库，放在互联网上公开，与公众分享。

②公众教育。公众教育是外来入侵生物防控方案和管理方案中必不可少的组成部分。广泛利用报纸、墙报、小册子、口头演讲、电视和电台广播等多种媒体形式，提高民众对外来入侵生物的认知。

③早期预警系统。发展全国性的外来入侵生物网络，并纳入预测预警功能，该系统能预测潜在和新的入侵地点，或为一个地区或地点预测新的入侵生物，并事先提出适当的反应和应急方案。

④风险评估和环境影响评估。定性或定量地决定引进一个特定外来生物的风险值和可能对自然、社会和经济造成的影响。

⑤法律和规章制度。通过不断建立、完善防控生物入侵的国家和国际法律、规章制度来确保阻断外来入侵生物。

⑥边境控制和检疫措施。在边境和口岸，需要用边境控制和检疫措施来防止或尽可能地减少外来生物的引进风险，此外还要有完备的配套规则和训练有素的工作人员、物种和风险货物的清单、技术程序和监督协议等。

⑦进口商品处理。在口岸通过各种高新技术处理进口商品，杀死可能混入其中的外来入侵生物。

⑧限制或禁止贸易。对于违背世界贸易组织卫生和植物检疫协议的生物，采取措施限制或禁止其贸易。

二、我国对外来入侵生物防控策略及措施

随着经济的全球化，我国与全球100多个国家和地区发生贸易和人员交往，出入境人员每年超过2亿人次，进出口货物上亿批次，海量的出入境人员、货物需要快速通关和外来有害生物需严格检验监控的矛盾日益突显。我国对防范外来生物的传入和危害，进行了全过程管理，包括预警、边境预防、早期监测、清除、控制与恢复措施、关键点控制预防体系等，但由于我国幅员辽阔，各种外来入侵生物分散于庞大的生态系统中，目前的防控技术还远远满足不了外来入侵生物防控的实际需要，未来我国外来入侵生物防控技术主要从以下几方面开展：

1. 国家防控战略与政策法规标准研究

我国相关部门前期的研究工作主要集中在检测、监测、诊断、鉴定和处理等具体技术的某些方面，整体出入境安全战略与体系研究异常匮乏，亟须抓紧研究。需要重点研究建立我国外来生物安全战略体系框架，政策法规标准体系，检测、监测、预警与应急反应机制，行政管理体系，科学研究与技术保障体系等。

2. 入侵机理与关键控制点研究

开发具有我国自主知识产权、更加接近入侵真实情况的数字模拟技术和分析软件；研发入侵关键不确定参数人工生态模拟分析技术和实验设备；明确重大外来生物入侵机理所需的适生区、自然及人为传播途径、跨境入侵频率、定殖初始条件模型、全球流行规律等关键特征参数；揭示不同类群外来生物入侵规律差异性和入侵关键因子；建立潜在入侵生物种类、成功入侵所需最低初始生物数量/限量、入侵敏感点/热点地区3个关键特征预测模型；构建提供经济、高效的关键控制点防控体系。

3. 检测关键技术研究与国家检测鉴定技术体系建立

构建以441种/属国家对外检疫性有害生物名录为主要依据，重点研究国内外重大有害生物种类的遗传多样性、表型变异，构建国家外来生物检测鉴定所需的基础特征蛋白质基因库、主要条码基因序列数据库和数字化标本库，充分利用分子免疫诊断、DNA条码、筛查芯片、形态特征模式识别和智能诊断、现场纳米荧光快速筛查等技术，建立满足我国外来生物防控实际需求的检测鉴定技术体系。

4. 监测关键技术研究与国家监测技术体系建立

构建以遥感、地理信息系统、全球定位系统、远程网络信息技术、超微量化学成分分析、活性成分功能模拟分析等高新技术为支撑，重点研究建立入侵物种的3S监测技术；基于色谱和信息化合物的诱捕监测技术、病菌孢子自动捕获技术和无人远程监测工作站；病原微生物的媒介生物体种类、传毒机制及其监测技术；为高传入风险的潜在入侵物种监测提供技术支撑；全面监测调查已入侵的重要外来有害生物的入侵形式、主要途径、热点区域、定殖规律和暴发危害的关键因素，建立发生危害动态数据库和预警决策系统，为其及早发现、有效防控和治理提供理论依据和技术支持。

5. 重大外来有害生物入侵阻断和早期根除技术研究

研究热处理、微波处理、辐射处理、熏蒸处理、化学药剂处理等生物杀灭技术和作用机制；研究病原微生物的自然拮抗杀灭、基因工程抗病、外来有害昆虫定殖干扰等阻断根除新技术，最大限度地降低外来生物入侵的种类和频率，阻断和根除入侵生物的繁殖、扩散、流行。

6. 全球信息情报智能侦测与实时预警技术研究

建立智能化、多语言的专业信息情报自动搜集引擎，充分利用决策树、关联规则、范例推理、模糊聚类等技术，实现数据挖掘及疫情信息发现，提高系统性能和检索的精度与效果。通过与国家生物灾害因子预警分级体系相结合，提高风险识别、预测、预警的准确度和风险管理措施的科学性，为防范生物灾害因子造成突发灾难事件提供时间保障和措施保障。

7. 加强国际和地区之间的合作

加强有关入侵物种的国际交流和合作研究，共享链接或共建入侵物种数据库和信息系统十分重要。各个国家对入侵物种管理的经验和教训对其他国家在引入或防治同一物种时有极大的参考价值。有些物种不仅入侵到一个国家或地区，还可入侵到多个国家，如凤眼莲不仅入侵了中国，也入侵了北美洲、亚洲、大洋洲的国家和地区。许多入侵物种在一个国家出现的信息可为周边国家提供早期预报，互相学习经验。

总之，外来入侵生物防控是目前摆在我国生态环境综合治理、边境口岸卫生检疫和农业生产等方面的一个难题，其严重的危害性也迫使我们必须在防控和治理上花更大的力量，付出更大代价；同时，综合运用多种策略对外来入侵生物采取有效的防控也是一项长期的艰巨的工程，任重而道远。

第二章

技术路线图制定准备工作

第一节

任务与愿景

一、工作任务

根据广东省产业技术路线图制定指南，沿着“市场需求分析—产业目标分析—技术壁垒分析—研发需求分析”的路线，从广东省农业入侵有害生物防控技术研究的战略高度出发，凝练出广东省未来农业入侵有害生物防控技术发展的总体目标和在此目标指导下的产业目标和绩效目标，并确定对广东省入侵有害生物研究与防控影响重大的关键技术和共性技术项目，确定其优先排序并指出项目的技术难点及风险、完成时间节点等，最终确定出理性的发展进程并制定广东省农业入侵有害生物防控产业技术路线图。需要完成的主要工作有：

1. 组建核心团队

开展广东省农业入侵有害生物防控调研工作，组建核心团队，收集资料，查阅文献，设计调查问卷，提炼要素，得出结论。

2. 市场需求分析

筹备广东省农业入侵有害生物防控市场需求分析研讨会，识别农业入侵有害生物防控产业与服务的需求，分析入侵有害生物防控产业现状和技术差距，摸清广东省农业入侵有害生物防控产业资源现状，分析市场需求要素并排序。

3. 产业目标分析

筹备广东省农业入侵有害生物防控产业目标分析研讨会，确定服务链产业发展目标内容及要素，确定产业目标的优先顺序，并将市场要素与产业目标相关联分析，确定二者关联后的优先顺序。

4. 技术壁垒分析

筹备广东省农业入侵有害生物防控技术壁垒分析研讨会，确定近期、中期和长期不同时间节点中存在的技术壁垒；确定多种技术壁垒要素的优先顺序；分析技术壁垒要素与产业目标要素的关联。

5. 研发需求分析

筹备广东省农业入侵有害生物防控研发需求分析研讨会，确定突破产业技术壁垒和关键技术难点的研发需求，找出现实与目标的差距，确定研发需求组织研发主体和技术发展模式，确定研发需求的市场及技术风险，最终突破技术壁垒，促进整个产业的持续健康发展。

6. 绘制产业技术路线图

绘制研发需求优先级别技术路线图、顶级研发需求技术路线图、顶级研发需求的风险—利润技术路线图、顶级研发需求技术发展模式路线图和综合技术路线图，最终完成广东省农业入侵有害生物防控产业技术路线图。

二、愿景目标

从广东省农业入侵有害生物防控技术研究的战略高度，凝练出广东省未来农业入侵有害生物防控技术发展的总体目标、产业目标和绩效目标，通过广东省生物入侵产业技术路线图的制定，可明确掌握广东省农业入侵有害生物防控产业地位与状况、市场需求，突出体现具有“广东省特色”的农业入侵有害生物防控产业模式和发展途径，提出在国内外有影响的广东省农业入侵有害生物防控产业发展战略思路，确定对广东省入侵有害生物研究发展影响重大的关键技术和共性技术，为广东省农业入侵有害生物防控研究提供思路和对策，最终提升广东省生物入侵研究与防控的整体水平和竞争力。

第二节 工作方案及进展

一、界定产业范围和边界

外来入侵生物包括脊椎动物（哺乳类、鸟类、两栖类、爬行类、鱼类）、无脊椎动物（昆虫、甲壳类、软体动物、蠕虫类）、植物、真菌、原核生物（细菌）、病毒及类病毒等，种类繁多，涉及农田、森林、水域、湿地、草地等几乎所有的生态系统。通过专家研讨和调查问卷分析，按照技术路线图指定的原理和方法，结合广东省农业入侵有害生物防控的产业特色，以入侵害虫、入侵植物病害、入侵杂草为主体，以境外监测预警（风险评估、监测预警、预防）、口岸检测检疫（检测鉴定、口岸监测、检疫处理）、境内阻截防控（疫情扑灭、应急防控、可持续防控）等为边界，确定了广东省农业入侵有害生物防控产业技术路线图。

二、组建核心团队

在广东省科学技术厅的指导下，由广东省农业科学院植物保护研究所吕利华研究员担任首席专家，负责制订总体规划和总体方案。成立核心工作团队，实行分工负责制。根据广东省农业入侵有害生物防控产业的实际情况，将农业入侵有害生物防控产业研发对象分为入侵害虫、入侵植物病害、入侵杂草三大类。分工如下：入侵害虫由广东省农业科学院植物保护研究所齐国君副研究员主要负责；入侵植物病害由广东省农业科学院植物保护研究所佘小漫研究员主要负责；入侵杂草由广东石油化工学院岳茂峰副研究员主要负责。各负责专家与相关领域专家和生物入侵相关企业负责人进行咨询、座谈，分别制订出各小类产业技术路线图，再汇总形成广东省农业入侵有害生物防控产业技术路线图。

工作团队由首席专家、专家组、工作组、秘书组构成。

首席专家：

吕利华　广东省农业科学院植物保护研究所研究员

专家组：
陈喜劳 广东省农业农村厅植保植检处研究员
陈玉托 广东省农业有害生物预警防控中心研究员
邹寿发 广东省农业有害生物预警防控中心研究员
王 琳 广东省农业有害生物预警防控中心研究员
邱宝利 华南农业大学农学院教授
何余容 华南农业大学农学院教授
陆永跃 华南农业大学农学院教授
胡学难 广州海关技术中心研究员
黄焕华 广东省林业科学研究院研究员
韩诗畴 广东省生物资源应用研究所研究员
林进添 仲恺农业工程学院农学院教授
劳传忠 广东省粮食科学研究所研究员
胡隐昌 中国水产科学研究院珠江水产研究所研究员
钟平生 惠州学院生命科学学院教授
何自福 广东省农业科学院植物保护研究所研究员
田兴山 广东省农业科学院植物保护研究所研究员
冯 莉 广东省农业科学院植物保护研究所研究员
章玉苹 广东省农业科学院植物保护研究所研究员
张颂声 惠州南天生物科技有限公司总经理
李慎磊 广州瑞丰生物科技有限公司总经理

工作组：
齐国君 广东省农业科学院植物保护研究所副研究员
佘小漫 广东省农业科学院植物保护研究所研究员
岳茂峰 广东石油化工学院环境与生物工程学院副研究员
刘海军 广州海关技术中心研究员
石庆型 广东省农业科学院植物保护研究所助理研究员

秘书组：
陈 婷 广东省农业科学院植物保护研究所副研究员
高 燕 广东省农业科学院植物保护研究所副研究员
汤亚飞 广东省农业科学院植物保护研究所副研究员

蓝国兵　广东省农业科学院植物保护研究所副研究员
雷妍圆　广东省农业科学院植物保护研究所副研究员
张　纯　广东省农业科学院植物保护研究所副研究员
王德森　华南农业大学农学院副教授
王　磊　华南农业大学农学院讲师

三、工作进展

广东省农业入侵有害生物防控技术路线图工作流程如下（图2–1）。

①开展调研工作，收集文献资料，组建团队，设计调查问卷，提炼要素，策划、确定路线图制订方案。

②召开广东省农业入侵有害生物防控技术路线图研讨会，邀请相关领域专家对广东省农业入侵有害生物防控的市场需求、产业目标、技术壁垒，以及研发需求进行分析，汇集农业入侵有害生物防控产业界、研究机构、高校，以及政府主管部门等专家对该产业的共同看法，构建农业入侵有害生物防控产业技术交流平台。

③召开广东省农业入侵有害生物防控技术路线图市场需求分析研讨会，识别农业入侵有害生物防控对产业与服务的需求，分析农业入侵有害生物防控产业现状和技术差距，摸清广东省农业入侵有害生物防控产业资源现状，分析市场需求要素并排序。

④召开广东省农业入侵有害生物防控技术路线图产业目标分析研讨会，确定服务链产业发展目标内容及要素，确定产业目标的优先顺序，并将市场要素与产业目标相关联分析，确定二者关联后的优先顺序。

⑤召开广东省农业入侵有害生物防控技术路线图技术壁垒分析研讨会，确定近期、中期和长期不同时间节点中存在的技术壁垒，确定多种技术壁垒要素的优先顺序；分析技术壁垒要素与产业目标要素的关联。

⑥召开广东省农业入侵有害生物防控技术路线图研发需求分析研讨会，确定突破产业技术壁垒和关键技术难点的研发需求，找出现实与目标的差距，确定研发需求组织研发主体和技术发展模式，确定研发需求的市场及技术风险，最终突破技术壁垒，促进整个产业的持续健康发展。

⑦召开广东省农业入侵有害生物防控技术路线图研讨会暨论著编委会，研讨分析广东省农业入侵有害生物防控产业地位与状况、市场需求、防控产业模式和发展途径等，形成广东省农业入侵有害生物防控技术路线图的写作框架，分配写作任务。

⑧撰写各类技术路线图的初稿，补充修改，完成广东省农业入侵有害生物防控技术路线图总稿，咨询专家意见。

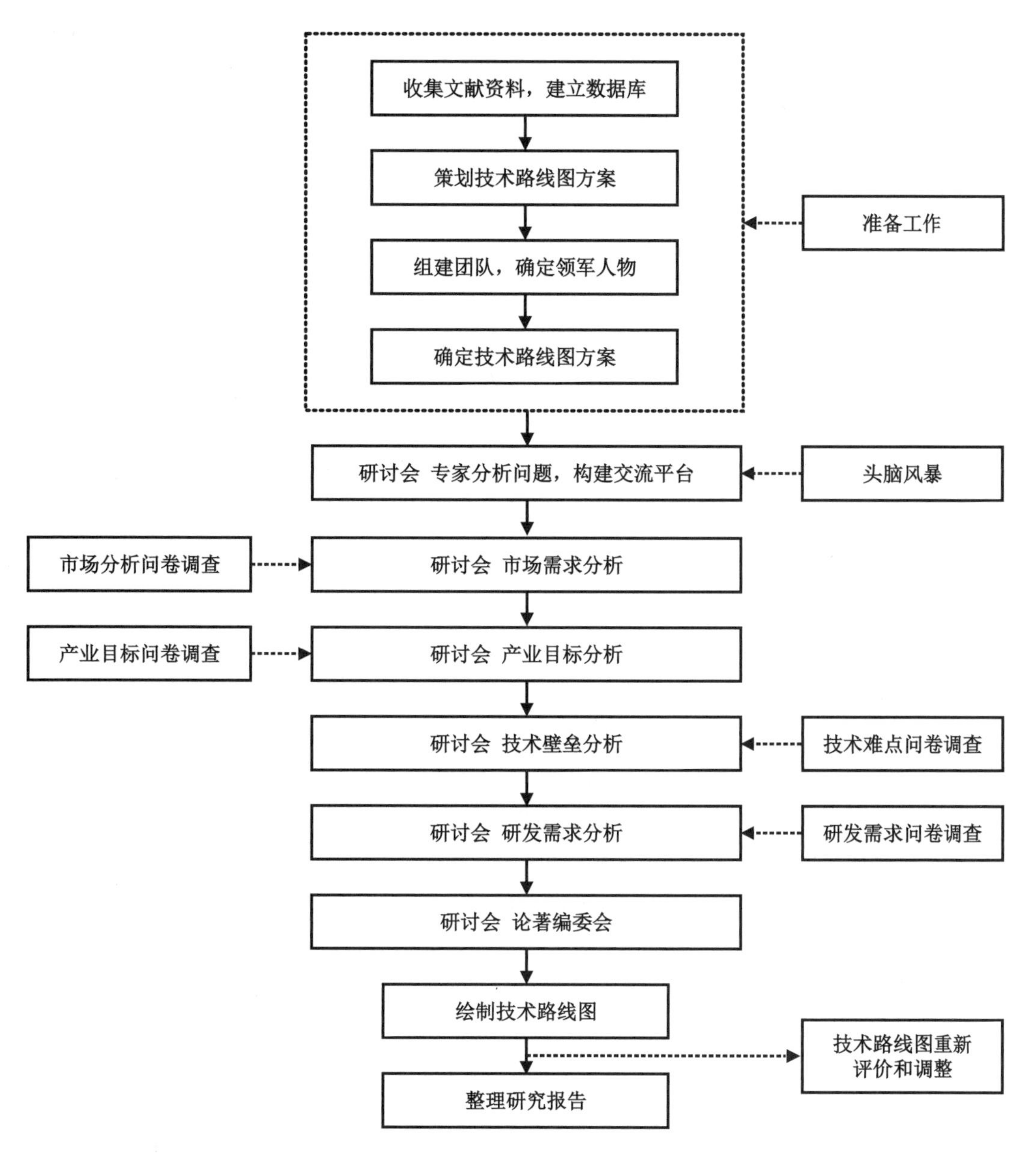

图2-1 广东省农业入侵有害生物防控技术路线图工作流程

第三章

市场需求分析

GUANGDONGSHENG NONGYE RUQIN YOUHAI SHENGWU FANGKONG JISHU LUXIANTU

第一节

产业现状分析

一、我国外来生物入侵现状分析

我国地域辽阔，自然环境复杂多样，来自世界各地的大多数外来物种都可能在我国境内找到合适的栖息地。加上我国地形复杂，生态系统类型多样，且经济发展迅速，更进一步增加了我国遭受生物入侵的风险，我国已成为遭受生物入侵危害最严重的国家之一。近年来，入侵我国的外来生物传入数量多、传入频率快、蔓延范围大，呈危害加剧、损失加重的趋势。

1. 入侵种类多

据不完全统计，目前入侵我国的外来入侵生物的种类640余种，其中大面积发生、危害严重的有100多种，其中给我国农业带来严重危害的入侵植物有紫茎泽兰、豚草、凤眼莲、空心莲子草、飞机草、大米草、薇甘菊、毒麦等；入侵昆虫有美洲斑潜蝇、烟粉虱、美国白蛾、松突圆蚧、湿地松粉蚧、稻水象甲、蔗扁蛾、马铃薯甲虫、西花蓟马、扶桑绵粉蚧、草地贪夜蛾等；入侵植物病害有黄瓜绿斑驳花叶病、柑橘黄龙病、马铃薯癌肿病、甘薯黑斑病、大豆疫病、棉花黄萎病、松材线虫病等。可见，我国面临的生物入侵形势十分严峻。

2. 地域分布广

外来生物入侵不仅种类多，而且发生范围也较为广泛，在我国地域上的危害程度明显呈由南向北、由东向西递减的趋势。在我国34个省区市都不同程度地受到了各种各样外来入侵生物的危害和影响。此外，外来物种几乎入侵了农业、林业、草原、湿地、荒漠、河流、岛屿及自然保护区等所有生态系统及农业区、城市居民区。

3. 传播蔓延快

海洋、山脉、河流和沙漠为物种和生态系统的演变提供了天然的隔离屏障。然而，近年来，随着社会经济的快速发展和交通工具的进步，越来越频繁的运输、旅游和人员往来，大大促进了外来入侵物种的传入，加速了其扩散和蔓延。借助人类活动，外来入侵物种冲破天然阻隔，远涉重洋到达新栖息地，繁衍扩散成为入侵物种。

我国绝大多数外来入侵物种都是通过交通工具和货物运输传入并扩散蔓延。

4. 危害损失大

外来物种入侵后，由于失去原产地天敌的制约，加之我国被入侵地区缺乏对该物种生物学特性的了解以致控制技术和手段匮乏，从而导致入侵物种的种群数量猛增，极易暴发成灾。外来生物的入侵严重地破坏了当地的自然生态系统和食物链，造成本地生物物种多样性不可弥补的丧失，给当地农林牧渔业的产量与质量都带来了惨重损失。据估算，全国每年因生物灾害给农业带来的损失占粮食产量的10%~15%，棉花产量的15%~20%，水果、蔬菜产量的20%~30%，仅十余种主要外来入侵生物造成的经济损失可达574亿元，这还不包括外来入侵生物通过改变生态系统所引起的一系列水土、气候变化等不良影响产生的巨大间接经济损失。

二、我国外来入侵生物防控现状分析

外来入侵生物一旦入侵，就很难从根本上消除。根据外来入侵生物具有强大生命力的特性，研究其利用价值，“驯化”外来入侵物种，将有助于控制其蔓延和发展，并达到生态修复的目的。我国已经认识到外来生物入侵的严峻性，开始采取措施解决外来物种入侵问题。随着我国加大生物入侵研究的经费投入，许多科研平台也相继成立，如2003年依托中国农业科学院成立的原农业部外来入侵生物预防与控制研究中心，2005年华南农业大学成立了红火蚁研究中心，2008年广东省农业科学院植物保护研究所成立了入侵生物防控研究室等，这些都大大提高了我国入侵生物学的研究水平，并形成了我国入侵生物学学科框架体系，极大地提升了我国在国际生物入侵领域的地位。我国对于外来入侵物种的研究刚刚起步，处于逐渐积累经验、资料的水平和阶段，在理论和应用方面与国际水平尚有一定的差距，且在外来生物入侵防控及管理方面仍存在不少的问题。

1. 现行的法律不健全，还没有针对生物入侵的专门立法

我国目前涉及生物入侵的法律体系是由单行法律和实施细则组成，《中华人民共和国进出境动植物检疫法》和《植物检疫条例》的首要任务是保护农林牧渔业的发展，保证农业生产安全，检疫对象则侧重于那些对农林牧渔业经济发展带来危害的危险性生物，检疫目的是防止动物传染病、寄生虫病和植物危险性病虫草，以及其他有害生物传入、传出我国国境。《中华人民共和国进出境动植物检疫法》及其相关检疫条例并没有规定入侵物种破坏生物多样性或生态环境的内容，在立法内容上缺乏专门的、必要的法律原则和法律责任规定。

2. 缺乏专门研究入侵生物的权威机构

目前我国负责进境种子、种苗审批牵涉部门较多，海关检验检疫部门负责禁止进

境种苗的审批，林业部门负责进境林业种苗检疫审批，农业部门负责其他进境种苗检疫审批。新的外来入侵物种进境后，缺乏专门研究入侵生物的权威机构，新物种对当地生态的影响、对新物种的监测体系、快速反应机制和快速检测等技术方面存在缺陷。虽然农业农村部、国家林业与草业局、国家市场监督管理总局、中国科学院分别设有专门研究外来物种入侵问题的部门，总体来说，这些部门都还不足以应对现如今生物入侵面临的很多问题，在研究力度、采取措施方面还远远不够，没有形成统一监管防控体系。

3. 利益驱动，盲目引种，缺乏风险评估机制或机构

目前我国引种的单位或个人，在利益驱动下缺乏全盘意识，同时我国的法律没有对引种的单位或个人的资质作明确的规定，当大规模引进同一种品种时，一旦该物种逃逸成为入侵物种，便很难根除。目前我国在引进某一物种时尚缺乏专一的评价机制或机构，无法确定该物种在国外有无形成重大危害，在我国有无相应的适合栖息地，有无天敌，引入我国后有多大可能造成入侵，入侵后产生多大的经济损失等。

4. 防范外来生物入侵意识比较薄弱

目前我国对外来生物的入侵的控制和防范归口管理部门不明确，更谈不上对民众的宣传教育。民众的防范意识比较薄弱，不能意识到入侵生物将导致生物多样性下降、破坏当地的生态环境的长远影响，同时对外来生物入侵采取的控制措施滞后于其传播速度，未能将入侵生物控制在一定的范围和将经济损失降到最低。

5. 国际贸易交往愈来愈频繁，给生物入侵带来更多的可乘之机

随着经济全球化和国际交往的日益频繁，跨境网络购物和电子商务蓬勃兴起，出入境旅客携带物、邮寄物数量激增，全国各口岸检验检疫部门从进出口货物、出入境旅客携带物、邮寄物中截获外来有害生物的种类和批次呈明显的上升趋势。据统计，2002年我国检验检疫部门在各口岸截获各类有害生物1 310种2.24万批次，而在2015年截获有害生物达5 958种104.3万批次。外来生物入侵途径的多样性、不确定性，以及入侵所造成的严重危害性都表明，不能仅仅依靠检验检疫部门采取措施防治，需要全社会全民共同努力解决。

三、广东省外来生物入侵现状分析及需求

广东省是我国沿海对外开放的重要门户，也是我国重大生物疫情入侵的前沿地区，其特殊的地理、气候、寄主等条件十分适宜外来入侵物种的生存和繁衍，使得广东省连续多年成为检疫性有害生物截获量最大和外来入侵生物发生危害最严重的省份，在入侵有害生物检疫和防控方面具有重要战略地位。近年来，入侵广东省的外来入侵生物呈现出种类增多、频率加快、蔓延加速、危害加剧的趋势。

1. 外来入侵生物种类多

广东省外来入侵有害生物种类多、数量大。在广东省发生危害较为严重的外来入侵害虫主要有红火蚁、烟粉虱、橘小实蝇、稻水象甲、美洲斑潜蝇、三叶草斑潜蝇、松突圆蚧、湿地松粉蚧、椰心叶甲、扶桑绵粉蚧、刺桐姬小蜂、桉树枝瘿姬小蜂、新菠萝灰粉蚧等，入侵植物病害有水稻细菌性条斑病、柑橘黄龙病、柑橘溃疡病、松材线虫病、木尔坦棉花曲叶病毒、黄瓜绿斑驳花叶病毒，入侵杂草有薇甘菊、凤眼莲、飞机草、空心莲子草、互花米草、豚草、假高粱等，这些已对农业生产、人畜健康及生态安全造成了极大危害，经济损失巨大。

2. 外来入侵生物入侵范围广泛

外来物种入侵面积大，造成的经济损失严重。据统计，2000年主要外来入侵物种的入侵累计总面积达1 622万亩，其中外来植物病害、害虫的入侵范围最大，入侵面积达1 243万亩，占入侵总面积的76.7%。

3. 外来入侵生物造成损失巨大

2000年主要外来物种入侵造成的直接经济损失达20.71亿元，其中外来入侵植物病害、害虫造成的直接经济损失最大，达19.16亿元，占总经济损失的92.5%。而2017年广东省外来物种入侵面积超过4 000万亩，每年造成的直接和间接经济损失在200亿元以上。

4. 外来入侵新疫情突发不断

21世纪以来，入侵广东省的外来入侵生物不断出现，频率明显增大。如2001年南海发现水椰八角铁甲，2002年佛山发现褐纹甘蔗象，2004年吴川发现红火蚁，2005年深圳发现刺桐姬小蜂、中山发现三叶斑潜蝇，2008年广州发现扶桑绵粉蚧，2010年湛江发现大洋臀纹粉蚧，2012年湛江发现无花果蜡蚧，2019年广州发现草地贪夜蛾。外来入侵生物的入侵速度是1980年前的30~50倍，是1980—2000年的2~3倍，呈现明显的加速趋势。

5. 外来入侵生物传播扩散日趋严重

近年来，随着贸易交流的快速发展，国内外来入侵生物在省内、省间的传播扩散日益严重。如1991—1995年广东省发生的主要农林外来入侵有害生物2种，1996—2000年发生5种，2001—2005年发生12种，2006年至今发生20多种。大部分外来入侵物种均由刚开始的点片状发生经持续扩散、传播，入侵总面积不断扩大，造成的经济损失日趋严重。而2004年在吴川首次发现红火蚁，2005年全省便有35个县级区域发生，2013年广东省有88个县（市、区）发生，截至2016年12月广东省已有109个县（市、区）发生，入侵农业区域面积为208.5万亩。可见，红火蚁在部分新发地区入侵范围快速扩大的同时，一些老发生区呈现危害加重态势，对当地人民的生产、生活造成较大影响，危害扩散形势严峻。此外，由于广东省是中国经济发达省份之一，外运货物频繁，总量巨大，通过货运携带入侵物种在省区间传播、扩散风险也很高。

如何防控外来有害生物入侵，减少其对广东省农林生产及生态环境的威胁是目前广东省对外来入侵生物研究所面临的重要问题之一，也关系到全国对外来入侵生物的防治。为应对和解决广东省外来入侵生物种类增多、入侵频率快、分布广、危害重的问题，达到抑制侵入、延缓蔓延、降低损失、控制危害的目标，对广东省外来入侵生物种类、发生范围、发生危害程度、扩散蔓延风险性、经济损失评估等进行系统调查、评估，全面、系统、深入开展重大外来入侵生物传播扩散规律、暴发成灾的生物生态学机理、预防与控制策略及关键技术等研究是十分必要和紧迫的，对防控外来生物，保护农林业安全、生物多样性健康、生态安全和经济贸易安全等均具有重要意义。

第二节 产业SWOT分析

SWOT（态势）分析，就是将与研究对象密切相关的各种主要内部优势因素（strength）、劣势因素（weakness）、外部机会因素（opportunity）、威胁因素（threat），通过调查再应用系统分析方法得到一系列相应的战略对策。

一、优势分析

1. 区域优势明显

广东省地处东南沿海，毗邻港澳、东南亚地区，热带、亚热带气候十分适宜水稻、蔬菜、果树等农作物的生长，外来入侵生物种类丰富，为生物入侵检测、预警、防控等研究提供了得天独厚的条件。

2. 人才优势

广东省内拥有中山大学、华南农业大学、广东省农业科学院、广东省生物资源应用研究所等一批科研实力雄厚的高校、科研院所，设有专门从事外来入侵生物研究的部门，并拥有强大的科研人才队伍。

3. 市场需求巨大

广东省是我国沿海对外开放的重要门户，也是我国重大植物有害生物入侵的前沿地区，特殊的地理、气候、植被等条件十分适宜外来入侵物种的生存和繁衍，外来入侵生物种类多，防控需求很大。

4. 研究基础扎实

广东省内相关高校及科研院所已开展多种外来入侵生物的监测预警、成灾机制、应急防控及综合防控技术的研究，对红火蚁、橘小实蝇、薇甘菊等重大入侵有害生物的研究已达国际先进水平，并取得了一系列科研成果。

二、劣势分析

1. 口岸贸易多，入侵概率大

广东省是我国海上丝绸之路的重要节点，贸易进出口量居全国第一，对外贸易口岸数量多、分布广，农产品贸易的快速增长、频繁经贸交易和人员来往，使境外农业有害生物的传入途径增多、有害生物的入侵频次剧增。

2. 气候、作物适宜入侵生物定殖

广东省地处热带、亚热带地区，农业有害生物种类繁多，农作物一年四季均可种植生长，盛产水果、蔬菜等多种农产品，为入侵有害生物的定殖提供了适宜的气候和寄主条件。

3. 农产品流通加速入侵生物扩散

广东省是我国重要的花卉苗木、蔬菜、水果等农作物主产区和流通集散地，入侵有害生物极易随农产品调运进行远距离传播，导致其迅速蔓延至新地区，危害范围不断扩大。

4. 口岸检疫处理难度大

检疫性有害生物大多具有体型微小、隐蔽性强的特点，极易随国际贸易货物运输携带入境并传播扩散，在口岸检疫部门的截获量和截获批次较多，口岸检疫处理难度大。

5. 防控技术滞后

新入侵的有害生物多具有潜伏性和滞后性的危害特点，发生初期防控手段缺乏，多借鉴其他有害生物的防控技术进行应急处理，针对性不强。

三、机会分析

1. 国际贸易频繁，检疫需求增加

随着“一带一路”倡议的实施，“一带一路”沿线国家间的农产品贸易量剧增，口岸有害生物的截获量和批次显著增多，口岸检验检疫中的快速鉴定、检疫处理等方面需求明显增加。

2. 外来入侵物种防控需求大

随着国际经济一体化进程与国际贸易发展，生物入侵所引发的生物安全问题愈加突出，形势愈加严峻，入侵物种肆意扩张，危害不断加剧，防控产品缺乏，防控技术滞后，市场需求巨大。

3. 国际交流提升技术水平

通过国际交流合作，提高我国在入侵生物监测预警、检疫处理、应急防控等方面的技术水平，推动我国入侵生物学学科的发展。

4. 社会可持续发展要求和趋势

外来生物入侵加快了生物多样性的丧失，破坏生态系统，造成巨大的经济损失，并威胁人类健康，给社会的发展造成严重的负面影响。有效控制入侵生物，将危害程度降到最低是社会可持续发展的要求和趋势。

四、挑战分析

1. 不同检疫标准阻碍农产品贸易

随着国际贸易快速发展，口岸农产品进出口贸易检疫面临着与国际接轨的问题，不同国家间植物检疫标准和实际需要存在一定差距，导致贸易壁垒成为农产品进出口贸易的主要障碍。

2. 国家之间疫情信息缺乏共享

外来生物入侵在世界范围内都是敏感和相对保密的话题，直接关系到国际贸易和经济社会的发展和稳定，可给农产品进出口贸易带来不可估量的经济损失，因此各国在农业入侵有害生物疫情信息交换和信息共享等方面采取谨慎态度。

3. 政产学研推体系不健全

各个部门间职能不同，侧重点不一，呈现多头管理、效率不高等问题，难以发挥优势，缺乏统一、协调的外来入侵物种的管理机制与运行机制。

4. 法律法规不健全

我国外来入侵物种研究起步较晚，涉及生物入侵的法律法规不多，缺乏针对外来入侵物种的专门性法规和管理条例，也缺少针对潜在的、危险的外来入侵物种的防范措施和防范原则。

5. 公众对生物入侵认识不足

公众知识水平参差不齐，对入侵有害生物的危害性缺乏认识；公众生态安全意识薄弱，对入侵有害生物的危害性缺乏警惕；公众防控入侵有害生物的主动性和积极性不足，加剧了入侵有害生物的扩散蔓延。

基于以上分析，构建广东省农业入侵有害生物防控技术领域的SWOT分析矩阵（表3-1）。

表3-1　农业入侵有害生物防控技术领域SWOT分析矩阵

因素	优势（S）： 1. 区域优势明显 2. 人才优势 3. 市场需求巨大 4. 研究基础雄厚	劣势（W）： 1. 口岸贸易多，入侵概率大 2. 气候、作物品种适宜入侵生物定殖 3. 农产品流通加速入侵生物扩散 4. 口岸检疫处理难度大 5. 防控技术滞后
机会（O）： 1. 国际贸易频繁，检疫需求增加 2. 外来入侵物种防控需求大 3. 国际交流提升技术水平 4. 社会可持续发展的要求和趋势	SO战略：发挥优势，把握机会 1. 充分利用区域自然条件优势，加快解决检疫需求技术 2. 充分发挥人才优势，加强国际交流合作，提高技术水平	WO战略：利用机会，克服劣势 1. 通过加强国际间的合作交流，提高外来入侵物种检疫处理和防控技术水平，缩小与国外之间的差距 2. 提高口岸有害生物的检疫处理技术水平，减少外来物种的入侵和定殖概率
挑战（T）： 1. 不同检疫标准阻碍农产品贸易 2. 国家间疫情信息缺乏共享 3. 政产学研推体系不健全 4. 法律法规不健全 5. 公众对生物入侵认识不足	ST战略：发挥优势，抵御威胁 1. 利用研究基础，大力提高科技水平和竞争力，植物检疫标准与国际接轨 2. 发挥区域优势、人才优势，健全产学研推体系 3. 发挥人才优势，普及外来生物入侵的科普知识，加大生物入侵的宣传力度	WT战略：消除劣势，迎接挑战 1. 利用政府部门的资金支持，加强口岸检疫部门的鉴定处理技术和农产品调运检疫力度，满足检疫部门的技术需求 2. 利用国际合作与信息交流，建立入侵生物疫情信息交换和信息共享机制，加强外来入侵生物的信息化建设

第三节 市场需求要素分析

针对广东省农业入侵有害生物发生及防控技术现状、在区域经济中的地位，以及市场发展趋势，通过研究分析与问卷调查，识别未来市场对产业和服务的需求，分析产业发展趋势及驱动力，筛选出市场需求要素优先序列，经专家利用头脑风暴法研讨，在外来入侵害虫、外来入侵植物病害、外来入侵杂草3个领域中凝练出29个市场需求要素。

一、外来入侵害虫领域

①广东省农业潜在入侵害虫重点对象筛选。
②建立针对入侵害虫的风险评估技术及预警体系。
③加强口岸截获入侵害虫的检疫鉴定技术研究及产品研发。
④改进口岸截获入侵害虫的检疫处理技术及产品。
⑤开展潜在外来入侵害虫的监测与阻截技术研究。
⑥研究新发外来入侵害虫疫点/疫区根除技术及产品。
⑦加强重大外来入侵害虫的可持续控制技术。
⑧科学、全面地普及入侵害虫的基础知识及专业防控技术。
⑨加强政产学研推的协调及部门联动。
⑩减少新发入侵害虫应急防控药剂的登记程序。

二、外来入侵植物病害领域

①广东省农业潜在入侵植物病害重点对象筛选。
②建立针对入侵植物病害的风险评估技术及预警体系。
③加强口岸截获入侵植物病害的快速检测技术研究及产品研发。
④开展潜在外来入侵植物病害的监测与阻截技术研究。
⑤研究新发外来入侵植物病害疫点/疫区根除技术及产品。

⑥加强重大外来入侵植物病害的可持续控制技术。
⑦科学、全面的普及入侵植物病害的基础知识及专业防控技术。
⑧加强政产学研推的协调及部门联动。
⑨减少新发入侵植物病害应急防控药剂的登记程序。

三、外来入侵杂草领域

①广东省农业潜在入侵杂草重点对象筛选。
②建立针对入侵杂草的风险评估技术及预警体系。
③加强口岸截获杂草种子的快速检测技术研究。
④改进口岸截获杂草种子的检疫处理技术及产品。
⑤开展潜在外来入侵杂草的监测与阻截技术研究。
⑥研究新发外来入侵杂草疫点/疫区根除技术及产品。
⑦加强重大外来入侵杂草的可持续控制技术。
⑧科学、全面地普及入侵杂草的基础知识及专业防控技术。
⑨加强政产学研推的协调及部门联动。
⑩减少新发入侵杂草应急防控药剂的登记程序。

第四章

产业目标及技术壁垒分析

第一节 产业目标分析

产业目标分析是在明确广东省农业入侵有害生物防控技术领域现状，以及未来市场对农业入侵有害生物防控产品和技术服务需求的基础上，根据专家对农业入侵有害生物防控技术领域未来发展方向的判断，确定农业入侵有害生物防控技术领域的发展目标。通过筛选和凝练的农业入侵有害生物防控技术领域的产业目标，为解决技术难题提供方向。

一、产业目标问卷调查

根据广东省农业入侵生物发生及防控技术现状、市场需求及发展趋势，针对外来入侵害虫、外来入侵植物病害、外来入侵杂草3个领域，对产业目标要素进行调查，确定广东省农业入侵有害生物产业发展目标内容及要素。根据广东省农业入侵有害生物防控技术路线图产业目标分析确定市场需求要素，再通过查阅大量的相关资料，设计产业目标调查问卷。共发出调查问卷550份，回收有效问卷495份，其中政府机构占10%，科研机构占40%，大专院校占40%，企业占10%。对调查问卷进行归纳整理，分别得到外来入侵害虫、外来入侵植物病害、外来入侵杂草3个领域的产业目标要素。

二、产业目标要素分析

1. 产业目标要素优先排序

以市场需求分析研讨会确定的主要市场要素为基础，经专家利用头脑风暴法研讨，结合广东省农业入侵有害生物防控技术的产业发展目标，构建分析矩阵，筛选出外来入侵害虫、外来入侵植物病害、外来入侵杂草3个领域中27个市场目标要素，并进行了产业目标要素优先排序（表4-1至表4-3）。

表4-1 外来入侵害虫领域的产业目标要素优先排序

优先排序	产业目标要素
1	实现根除技术及产品在新发外来入侵害虫疫点/疫区的试验示范
2	发挥快速鉴定技术及产品在口岸入侵害虫检疫中的重要作用
3	集成与示范重大外来入侵害虫的可持续控制技术
4	自主研发口岸入侵害虫检疫处理技术及产品
5	提高潜在外来入侵害虫的监测效率与阻截效果
6	提出针对入侵害虫适生性、传入、扩散、经济与生态影响等风险评估技术体系
7	推动政府出台新发入侵害虫应急防控药剂的临时登记政策
8	全面提高公众对入侵害虫的识别水平及专业技术人员的防控水平
9	明确广东省主要农作物入侵害虫的重点关注对象

表4-2 外来入侵植物病害领域的产业目标要素优先排序

优先排序	产业目标要素
1	实现根除技术及产品在新发外来入侵植物病害疫点/疫区的试验示范
2	发挥快速检测技术及产品在口岸入侵植物病害检疫中的重要作用
3	集成与示范重大外来入侵植物病害的可持续控制技术
4	自主研发口岸入侵植物病害检疫处理技术及产品
5	提高潜在外来入侵植物病害的检测效率与阻截效果
6	提出针对入侵植物病害的适生性、定殖、传播等风险评估技术体系
7	推动政府出台新发入侵植物病害应急防控药剂的临时登记政策
8	全面提高公众对入侵植物病害的识别水平及专业技术人员的防控水平
9	明确广东省主要农作物入侵植物病害的重点关注对象

表4-3 外来入侵杂草领域的产业目标要素优先排序

优先排序	产业目标要素
1	实现根除技术及产品在新发外来入侵杂草疫点/疫区的试验示范
2	发挥快速鉴定技术及产品在口岸入侵杂草检疫中的重要作用
3	集成与示范重大外来入侵杂草的可持续控制技术
4	自主研发口岸入侵杂草检疫处理技术及产品
5	提高潜在外来入侵杂草的监测效率与阻截效果
6	提出针对入侵杂草的适生性、入侵、传播等风险评估技术体系
7	推动政府出台新发入侵杂草应急防控药剂的临时登记政策
8	全面提高公众对入侵杂草的识别水平及专业技术人员的防控水平
9	明确广东省主要农作物入侵杂草的重点关注对象

2．产业目标要素与市场需求要求关联分析

在产业目标要素与市场需求要求关联分析中，根据广东省农业入侵有害生物防控技术的产业发展目标，筛选产业目标在市场需求拉动下的优先顺序。产业目标与市场需求要求关联分析后产业目标要素见表4-4至表4-6。

表4-4　外来入侵害虫领域关联分析后的产业目标要素

序号	产业目标要素	近期（<3年）	中期（3~10年）	长期（>10年）
1	实现根除技术及产品在新发外来入侵害虫疫点/疫区的试验示范	研发1~2种外来入侵害虫的根除技术产品，在疫区进行小面积示范推广	研发2种较为成熟的外来入侵害虫根除技术产品，在疫区进行大面积示范推广	研发3~5种成熟的外来入侵害虫的根除技术产品，在全国范围内疫区进行示范推广
2	发挥快速鉴定技术及产品在口岸入侵害虫检疫中的重要作用	研发1~2种外来入侵害虫的快速鉴定技术及产品，提高口岸入侵害虫检疫水平	研发2种较为成熟的外来入侵害虫快速鉴定技术及产品，大力提高口岸入侵害虫检疫水平	研发3~5种成熟的外来入侵害虫快速鉴定技术及产品，全面提高全国口岸入侵害虫检疫水平
3	集成与示范重大外来入侵害虫的可持续控制技术	研发1~2种重大外来入侵害虫的综合防控技术，进行大面积的集成示范	研发3~5种重大外来入侵害虫的可持续防控技术，并进行大面积的集成示范推广	研发10种重大外来入侵害虫的可持续防控技术，并在全国范围内进行大面积的示范推广
4	自主研发口岸入侵害虫检疫处理技术及产品	研发1~2种口岸入侵害虫的检疫处理技术和产品，提高口岸入侵害虫的检疫处理水平	研发2种较为成熟的口岸入侵害虫的检疫处理技术和产品，大力提高口岸入侵害虫的检疫处理水平	研发3~5种成熟的口岸入侵害虫检疫处理技术和产品，全面提高口岸入侵害虫的检疫处理水平
5	提高潜在外来入侵害虫的监测效率与阻截效果	研发1~2种新型监测设施及阻截技术，提高潜在外来入侵害虫的监测效率与阻截效果	研发2种新型监测设施及阻截技术，大力提高潜在外来入侵害虫的监测效率与阻截效果	研发3~5种新型监测设施及阻截技术，全面提高潜在外来入侵害虫的监测效率与阻截效果
6	提出针对入侵害虫适生性、传入、扩散、经济与生态影响等风险评估技术体系	初步提出针对入侵害虫适生性、传入、扩散、经济与生态影响等风险评估技术体系	进一步完善针对入侵害虫适生性、传入、扩散、经济与生态影响等风险评估技术体系	最终提出针对入侵害虫适生性、传入、扩散、经济与生态影响等风险评估技术体系
7	推动政府出台新发入侵害虫应急防控药剂的临时登记政策	政府作为引导，产业推动出台新发入侵害虫应急防控药剂的临时登记政策	政府进一步完善新发入侵害虫应急防控药剂的临时登记政策	政府出台新发入侵害虫应急防控药剂的临时登记政策形成长效机制
8	全面提高公众对入侵害虫的识别水平及专业技术人员的防控水平	加大宣传力度，提高公众对入侵害虫的识别水平及专业技术人员的防控水平	政府、产业、企业共同努力，进一步提高公众对入侵害虫的识别水平及专业技术人员的防控水平	政府、产业、企业共同努力，全面提高公众对入侵害虫的识别水平及专业技术人员的防控水平
9	明确广东省主要农作物入侵害虫的重点关注对象	调查初步明确广东省主要农作物入侵害虫的关注对象	进一步明确广东省主要农作物入侵害虫的潜在关注对象	明确广东省主要农作物入侵害虫的重点关注对象

表4-5　外来入侵植物病害领域关联分析后的产业目标要素

序号	产业目标要素	近期（<3年）	中期（3~10年）	长期（>10年）
1	实现根除技术及产品在新发外来入侵植物病害疫点/疫区的试验示范	研发1~2种外来入侵植物病害的根除技术产品，在疫区进行小面积示范推广	研发2种较为成熟的外来入侵植物病害根除技术产品，在疫区进行大面积示范推广	研发3~5种成熟的外来入侵植物病害的根除技术产品，在全国范围内疫区进行示范推广
2	发挥快速检测技术及产品在口岸入侵植物病害检疫中的重要作用	研发1~2种外来入侵植物病害的快速检测技术及产品，提高口岸入侵植物病害检疫水平	研发2种较为成熟的外来入侵植物病害快速检测技术及产品，大力提高口岸入侵植物病害检疫水平	研发3~5种成熟的外来入侵植物病害快速检测技术及产品，全面提高全国口岸入侵植物病害检疫水平
3	集成与示范重大外来入侵植物病害的可持续控制技术	研发1~2种重大外来入侵植物病害的综合防控技术，进行大面积的集成示范	研发3~5种重大外来入侵植物病害的可持续防控技术，并进行大面积的集成示范推广	研发10种重大外来入侵植物病害的可持续防控技术，并在全国范围内进行大面积的示范推广
4	自主研发口岸入侵植物病害检疫处理技术及产品	研发1~2种口岸入侵植物病害的检疫处理技术和产品，提高口岸入侵植物病害的检疫处理水平	研发2种较为成熟的口岸入侵植物病害的检疫处理技术和产品，大力提高口岸入侵植物病害的检疫处理水平	研发3~5种成熟的口岸入侵植物病害检疫处理技术和产品，全面提高口岸入侵植物病害的检疫处理水平
5	提高潜在外来入侵植物病害的检测效率与阻截效果	研发1~2种新型检测设施及阻截技术，提高潜在外来入侵植物病害的检测效率与阻截效果	研发2种新型检测设施及阻截技术，大力提高潜在外来入侵植物病害的检测效率与阻截效果	研发3~5种新型检测设施及阻截技术，全面提高潜在外来入侵植物病害的检测效率与阻截效果
6	提出针对入侵植物病害的适生性、定殖、传播等风险评估技术体系	初步提出针对入侵植物病害的适生性、定殖、传播等风险评估技术体系	进一步完善针对入侵植物病害的适生性、定殖、传播等风险评估技术体系	最终提出针对入侵植物病害的适生性、定殖、传播等风险评估技术体系
7	推动政府出台新发入侵植物病害应急防控药剂的临时登记政策	政府作为引导，产业推动出台新发入侵植物病害应急防控药剂的临时登记政策	政府进一步完善新发入侵植物病害应急防控药剂的临时登记政策	政府出台新发入侵植物病害应急防控药剂的临时登记政策形成长效机制
8	全面提高公众对入侵植物病害的识别水平及专业技术人员的防控水平	加大宣传力度，提高公众对入侵植物病害的识别水平及专业技术人员的防控水平	政府、产业、企业共同努力，进一步提高公众对入侵植物病害的识别水平及专业技术人员的防控水平	政府、产业、企业共同努力，全面提高公众对入侵植物病害的识别水平及专业技术人员的防控水平
9	明确广东省主要农作物入侵植物病害的重点关注对象	调查初步明确广东省主要农作物入侵植物病害的关注对象	进一步明确广东省主要农作物入侵植物病害的潜在关注对象	明确广东省主要农作物入侵植物病害的重点关注对象

表4-6　外来入侵杂草领域关联分析后的产业目标要素

序号	产业目标要素	近期（<3年）	中期（3~10年）	长期（>10年）
1	实现根除技术及产品在新发外来入侵杂草疫点/疫区的试验示范	研发1~2种外来入侵杂草的根除技术产品，在疫区进行小面积示范推广	研发2种较为成熟的外来入侵杂草根除技术产品，在疫区进行大面积示范推广	研发3~5种成熟的外来入侵杂草的根除技术产品，在全国范围内疫区进行示范推广
2	发挥快速鉴定技术及产品在口岸入侵杂草检疫中的重要作用	研发1~2种外来入侵杂草的快速鉴定技术及产品，提高口岸入侵杂草检疫水平	研发2种较为成熟的外来入侵杂草快速鉴定技术及产品，大力提高口岸入侵杂草检疫水平	研发3~5种成熟的外来入侵杂草快速鉴定技术及产品，全面提高全国口岸入侵杂草检疫水平
3	集成与示范重大外来入侵杂草的可持续控制技术	研发1~2种重大外来入侵杂草的综合防控技术，进行大面积的集成示范	研发3~5种重大外来入侵杂草的可持续防控技术，并进行大面积的集成示范推广	研发10种重大外来入侵杂草的可持续防控技术，并在全国范围内进行大面积的示范推广
4	自主研发口岸入侵杂草检疫处理技术及产品	研发1~2种口岸入侵杂草的检疫处理技术和产品，提高口岸入侵杂草的检疫处理水平	研发2种较为成熟的口岸入侵杂草的检疫处理技术和产品，大力提高口岸入侵杂草的检疫处理水平	研发3~5种成熟的口岸入侵杂草检疫处理技术和产品，全面提高口岸入侵杂草的检疫处理水平
5	提高潜在外来入侵杂草的监测效率与阻截效果	研发1~2种新型监测设施及阻截技术，提高潜在外来入侵杂草的监测效率与阻截效果	研发2种新型监测设施及阻截技术，大力提高潜在外来入侵杂草的监测效率与阻截效果	研发3~5种新型监测设施及阻截技术，全面提高潜在外来入侵杂草的监测效率与阻截效果
6	提出针对入侵杂草的适生性、入侵、传播等风险评估技术体系	初步提出针对入侵杂草的适生性、入侵、传播等风险评估技术体系	进一步完善针对入侵杂草的适生性、入侵、传播等风险评估技术体系	最终提出针对入侵杂草的适生性、入侵、传播等风险评估技术体系
7	推动政府出台新发入侵杂草应急防控药剂的临时登记政策	政府作为引导，产业推动出台新发入侵杂草应急防控药剂的临时登记政策	政府进一步完善新发入侵杂草应急防控药剂的临时登记政策	政府出台新发入侵杂草应急防控药剂的临时登记政策形成长效机制
8	全面提高公众对入侵杂草的识别水平及专业技术人员的防控水平	加大宣传力度，提高公众对入侵杂草的识别水平及专业技术人员的防控水平	政府、产业、企业共同努力，进一步提高公众对入侵杂草的识别水平及专业技术人员的防控水平	政府、产业、企业共同努力，全面提高公众对入侵杂草的识别水平及专业技术人员的防控水平
9	明确广东省主要农作物入侵杂草的重点关注对象	调查初步明确广东省主要农作物入侵杂草的关注对象	进一步明确广东省主要农作物入侵杂草的潜在关注对象	明确广东省主要农作物入侵杂草的重点关注对象

3. 重点领域确定

经过以上分析，广东省农业入侵有害生物防控技术产业满足市场需求和产业目标的技术，从外来入侵害虫、外来入侵植物病害、外来入侵杂草领域分别归纳了3个重点领域，分别为风险评估及预警体系、口岸检测及检疫处理技术、应急及可持续防控技术。

（1）外来入侵害虫领域。①广东省农业潜在入侵害虫的风险评估及预警体系（广东省主要农作物入侵害虫的重点关注对象，针对入侵害虫适生性、传入、扩散、经济与生态影响等风险评估技术体系）。②广东省农业入侵害虫的口岸检测及检疫处理技术（发挥快速鉴定技术及产品在口岸入侵害虫检疫中的重要作用，自主研发口岸入侵害虫检疫处理技术及产品）。③广东省农业重大入侵害虫的应急及可持续防控技术（提高潜在外来入侵害虫的监测效率与阻截效果，实现根除技术及产品在新发外来入侵害虫疫点/疫区的试验示范，集成与示范重大外来入侵害虫的可持续控制技术，全面提高公众对入侵害虫的识别水平及专业技术人员的防控水平，推动政府出台新发入侵害虫应急防控药剂的临时登记政策）。

（2）外来入侵植物病害领域。①广东省农业潜在入侵植物病害的风险评估及预警体系（广东省主要农作物为入侵植物病害的重点关注对象，针对入侵植物病害的适生性、定殖、传播等风险评估技术体系）。②广东省农业入侵植物病害的口岸检测及检疫处理技术（发挥快速检测技术及产品在口岸入侵植物病害检疫中的重要作用，自主研发口岸入侵植物病害检疫处理技术及产品）。③广东省农业重大入侵植物病害的应急及可持续防控技术（提高潜在外来入侵植物病害的监测效率与阻截效果，实现根除技术及产品在新发外来入侵植物病害疫点/疫区的试验示范，集成与示范重大外来入侵植物病害的可持续控制技术，全面提高公众对入侵植物病害的识别水平及专业技术人员的防控水平，推动政府出台新发入侵植物病害应急防控药剂的临时登记政策）。

（3）外来入侵杂草领域。①广东省农业潜在入侵杂草的风险评估及预警体系（广东省主要农作物入侵杂草为重点关注对象，针对入侵杂草的适生性、入侵、传播等风险评估技术体系）。②广东省农业入侵杂草的口岸检测及检疫处理技术（发挥快速检测技术及产品在口岸入侵杂草检疫中的重要作用，自主研发口岸入侵杂草检疫处理技术及产品）。③广东省农业重大入侵杂草的应急及可持续防控技术（提高潜在外来入侵杂草的监测效率与阻截效果，实现根除技术及产品在新发外来入侵杂草疫点/疫区的试验示范，集成与示范重大外来入侵杂草的可持续控制技术，全面提高公众对入侵杂草的识别水平及专业防控水平，推动政府出台新发入侵杂草应急防控药剂的临时登记政策）。

第二节 技术壁垒分析

根据未来市场需求及产业发展目标，分析影响产业目标实现的技术壁垒。技术壁垒分析的核心工作是从现存的技术壁垒中筛选出优先要解决的关键问题，通过对这些技术壁垒的突破，带动整个农业入侵有害生物防控技术产业的技术升级，实现产业目标。

一、技术壁垒问卷调查

设计广东省农业入侵有害生物防控技术路线图技术壁垒调查问卷。对调查问卷进行归纳整理，确定近期、中期和长期不同时间节点中存在的技术壁垒，确定多种技术壁垒要素的优先顺序；分析技术壁垒要素与产业目标要素的关联。

二、行业服务链涉及要素分析

根据研讨会上专家们提出的技术难题，结合调查问卷统计结果，针对广东省农业入侵有害生物防控技术领域，在外来入侵害虫、外来入侵植物病害、外来入侵杂草3个领域中归纳、分析和凝练了产业链上的技术领域、关键技术难点、技术差距和障碍，具体结果见表4-7至表4-9。

表4-7　外来入侵害虫领域服务链上的关键技术难点、技术差距和障碍分析

技术领域	关键技术难点	技术差距	障碍分析
境外监测预警	1. 数据库建设 2. 风险评估技术 3. 评估模型	1. 农业入侵害虫基础数据库不够完善 2. 农业入侵害虫风险评估技术不统一 3. 农业入侵害虫预警模型类型多，预测差异大	1. 与国外沟通交流不够，数据库未共享，未形成畅通的合作交流机制 2. 风险评估模型及技术来源于国外，研究落后于欧美发达国家

（续表）

技术领域	关键技术难点	技术差距	障碍分析
口岸检测检疫	1. 检疫鉴定技术 2. 快速检测技术 3. 检疫处理技术	1. 口岸截获入侵害虫的检测鉴定基础研究薄弱 2. 口岸截获入侵害虫快速鉴定产品少，灵敏度低 3. 口岸截获入侵害虫检疫处理技术研究滞后，缺乏大规模检疫处理措施	1. 高效、多维的检测鉴定技术和快速检测设备产品缺乏 2. 大规模检疫处理设备研发起步晚，研究人才不足
境内阻截防控	1. 疫区划分及疫情控制评价 2. 应急防控技术 3. 可持续防控技术	1. 新发入侵害虫的发生、扩散等规律不清 2. 新发入侵害虫的应急防控技术缺乏 3. 新发入侵害虫的应急防控药剂登记滞后 4. 入侵害虫应急防控技术人员相关知识储备少 5. 重大入侵害虫的可持续防控关键技术集成度低 6. 重大入侵害虫防控技术宣传推广力度不足	1. 入侵害虫具有明显的突发性、隐蔽性、潜伏性 2. 未与国外数据库共享，无日常的合作沟通机制 3. 应急防控响应迟缓，技术引进不到位 4. 防控关键技术研发周期较长，技术人员形成不了合力 5. 政产学研推的协调机制不全

表4-8　外来入侵植物病害领域服务链上的关键技术难点、技术差距和障碍分析

技术领域	关键技术难点	技术差距	障碍分析
境外监测预警	1. 数据库建设 2. 风险评估技术 3. 评估模型	1. 农业入侵植物病害基础数据库不够完善 2. 农业入侵植物病害风险评估技术不统一 3. 农业入侵植物病害预警模型类型多，预测差异大	1. 与国外沟通交流不够，数据库未共享，未形成畅通的合作交流机制 2. 风险评估模型及技术来源于国外，研究落后于欧美发达国家
口岸检测检疫	1. 检疫鉴定技术 2. 快速检测技术 3. 快速检测产品	1. 口岸截获入侵植物病害的检测鉴定基础研究薄弱 2. 口岸截获入侵植物病害快速鉴定产品少 3. 口岸截获入侵植物病害检疫处理技术研究滞后，缺乏大规模检疫处理措施	1. 高效、多维的检测鉴定技术和快速检测产品储备缺乏 2. 大规模检疫处理设备研发起步晚，研究人才不足
境内阻截防控	1. 疫区划分及疫情控制评价 2. 应急防控技术 3. 可持续防控技术	1. 新发入侵植物病害的发生、扩散等规律不清 2. 新发入侵植物病害的应急防控技术缺乏 3. 新发入侵植物病害的应急防控药剂登记滞后 4. 入侵植物病害应急防控技术人员相关知识储备少 5. 重大入侵植物病害的可持续防控关键技术集成度低 6. 重大入侵植物病害防控技术宣传推广力度不足	1. 入侵植物病害具有明显的突发性、潜伏性 2. 未与国外数据库共享，无日常的合作沟通机制 3. 应急防控响应迟缓，技术引进不到位 4. 防控关键技术研发周期较长，技术人员形成不了合力 5. 政产学研推的协调机制不全

表4-9　外来入侵杂草领域服务链上的关键技术难点、技术差距和障碍分析

技术领域	关键技术难点	技术差距	障碍分析
境外监测预警	1. 数据库建设 2. 风险评估技术 3. 评估模型	1. 农业入侵杂草基础数据库不够完善 2. 农业入侵杂草风险评估技术不统一 3. 农业入侵杂草预警模型类型多，预测差异大	1. 与国外沟通交流不够，数据库未共享，未形成畅通的合作交流机制 2. 风险评估模型及技术来源于国外，研究落后于欧美发达国家
口岸检测检疫	1. 检疫鉴定技术 2. 快速检测技术 3. 检疫处理技术	1. 口岸截获入侵杂草的检测鉴定基础研究薄弱 2. 口岸截获入侵杂草快速鉴定产品少 3. 口岸截获入侵杂草检疫处理技术研究滞后，缺乏大规模检疫处理措施	1. 高效、多维的检测鉴定技术和快速检测设备产品缺乏 2. 大规模检疫处理设备研发起步晚，研究人才不足
境内阻截防控	1. 疫区划分及疫情控制评价 2. 应急防控技术 3. 可持续防控技术	1. 新发入侵杂草的发生、扩散等规律不清 2. 新发入侵杂草的应急防控技术缺乏 3. 新发入侵杂草的应急防控药剂登记滞后 4. 入侵杂草应急防控技术人员相关知识储备少 5. 重大入侵杂草的可持续防控关键技术集成度低 6. 重大入侵杂草防控技术宣传推广力度不足	1. 入侵杂草具有明显的隐蔽性、潜伏性 2. 未与国外数据库共享，无日常的合作沟通机制 3. 应急防控响应迟缓，技术引进不到位 4. 防控关键技术研发周期较长，技术人员形成不了合力 5. 政产学研推的协调机制不全

三、技术壁垒要素

根据研讨会上专家们提出的技术难题，结合调查问卷统计结果，针对外来入侵害虫、外来入侵植物病害、外来入侵杂草3个领域的技术难题，归纳、分析和凝练了技术壁垒要素，具体结果见表4-10至表4-12。

表4-10　外来入侵害虫领域技术壁垒要素

技术领域	关键技术难点	技术壁垒要素
境外监测预警	数据库建设	农业入侵害虫基础数据库不够完善
	风险评估技术	农业入侵害虫风险评估技术不统一
	评估模型	农业入侵害虫预警模型类型多，预测差异大
口岸检测检疫	检疫鉴定技术	口岸截获入侵害虫的检测鉴定基础研究薄弱
	快速检测技术	口岸截获入侵害虫快速鉴定产品少，灵敏度低
	检疫处理技术	口岸截获入侵害虫检疫处理技术研究滞后，缺乏大规模检疫处理措施

（续表）

技术领域	关键技术难点	技术壁垒要素
境内阻截防控	疫区划分及疫情控制评价	新发入侵害虫的发生、扩散等规律不清
	应急防控技术	新发入侵害虫的应急防控技术缺乏、应急防控药剂登记滞后、应急防控技术人员相关知识储备少
	可持续防控技术	重大入侵害虫的可持续防控关键技术集成度低、防控技术宣传推广力度不足

表4-11　外来入侵植物病害领域技术壁垒要素

技术领域	关键技术难点	技术壁垒要素
境外监测预警	数据库建设	农业入侵植物病害基础数据库不够完善
	风险评估技术	农业入侵植物病害风险评估技术不统一
	评估模型	农业入侵植物病害预警模型类型多，预测差异大
口岸检测检疫	检疫鉴定技术	口岸截获入侵植物病害的检测鉴定基础研究薄弱
	快速检测技术	口岸截获入侵植物病害快速检测产品少
	检疫处理技术	口岸截获入侵植物病害检疫处理技术研究滞后，缺乏大规模检疫处理措施
境内阻截防控	疫区划分及疫情控制评价	新发入侵植物病害的发生、扩散等规律不清
	应急防控技术	新发入侵植物病害的应急防控技术缺乏、应急防控药剂登记滞后、应急防控技术人员相关知识储备少
	可持续防控技术	重大入侵植物病害的可持续防控关键技术集成度低、防控技术宣传推广力度不足

表4-12　外来入侵杂草领域技术壁垒要素

技术领域	关键技术难点	技术壁垒要素
境外监测预警	数据库建设	农业入侵杂草基础数据库不够完善
	风险评估技术	农业入侵杂草风险评估技术不统一
	评估模型	农业入侵杂草预警模型类型多，预测差异大
口岸检测检疫	检疫鉴定技术	口岸截获入侵杂草的检测鉴定基础研究薄弱
	快速检测技术	口岸截获入侵杂草快速鉴定产品少
	检疫处理技术	口岸截获入侵杂草检疫处理技术研究滞后，缺乏大规模检疫处理措施
境内阻截防控	疫区划分及疫情控制评价	新发入侵杂草的发生、扩散等规律不清
	应急防控技术	新发入侵杂草的应急防控技术缺乏、应急防控药剂登记滞后、应急防控技术人员相关知识储备少
	可持续防控技术	重大入侵杂草的可持续防控关键技术集成度低、防控技术宣传推广力度不足

第五章

研发需求分析

GUANGDONGSHENG NONGYE RUQIN YOUHAI SHENGWU FANGKONG JISHU LUXIANTU

第一节

技术研发需求分析

研发需求是在总结市场需求分析、产业目标分析和技术壁垒分析3个阶段所提出问题的基础上，确定突破产业技术壁垒和关键技术难点的研发需求；找出现实与目标之间的差距；明确需要培养和提升哪些能力；确定研发需求和组织研发主体（企业、产业、政府）3个层次之间的关系；确定技术发展模式（自主研发、技术合作、技术引进）。

一、技术研发需求分类

为了突破农业入侵有害生物防控技术产业领域的技术壁垒和关键技术难点，实现广东省农业入侵有害生物防控技术产业的总体产业目标，通过研发需求问卷调查、专家讨论，提出相关的研发项目，组织专家采用现场头脑风暴法凝练出技术研发需求项目，并将研发需求按级别划分为顶级、高级和中级。

二、技术研发需求项目

外来入侵害虫领域共80个研发需求项目，其中顶级研发需求项目30个、高级研发需求项目20个、中级研发需求项目30个（表5–1）；外来入侵植物病害领域共47个研发需求项目，其中顶级研发需求项目23个、高级研发需求项目14个、中级研发需求项目10个（表5–2）；外来入侵杂草领域共47个研发需求项目，其中顶级研发需求项目26个、高级研发需求项目7个、中级研发需求项目14个（表5–3）。

表5–1　外来入侵害虫领域研发需求项目优先级别及项目

优先级别	编号	项目名称
顶级研发需求	1	广东省农作物重要潜在入侵害虫筛选
	2	广东省农作物重要潜在入侵害虫的预警体系研究
	3	广东省农作物重要潜在入侵害虫的风险评估技术
	4	入侵害虫绿色环保熏蒸剂筛选及应用

（续表）

优先级别	编号	项目名称
顶级研发需求	5	基于性引诱剂的入侵害虫监测技术
	6	基于GC-MS的入侵害虫化学指纹图谱库的建立及应用
	7	基于色板的小型入侵害虫监测技术
	8	高效、多维的入侵害虫快速鉴定技术
	9	基于PCR的入侵害虫快速鉴定技术
	10	基于GC-MS的入侵害虫快速鉴定技术
	11	入侵害虫热处理检疫技术
	12	入侵害虫低温处理检疫技术
	13	入侵害虫辐照处理检疫技术
	14	入侵害虫产地、运输检疫及阻截技术标准制定
	15	新发外来入侵害虫疫点/疫区划分标准
	16	新发外来入侵害虫疫点/疫区根除技术
	17	广东省农业入侵害虫早期预警平台
	18	广东省农业入侵害虫防控信息平台
	19	高效、环保的化学药剂筛选及应用
	20	入侵害虫应急防控药剂筛选与田间药效评价
	21	重大外来入侵害虫的成灾机制研究
	22	重大外来入侵害虫的入侵特性研究
	23	重大外来入侵害虫的种群形成与扩散机制研究
	24	重大外来入侵害虫的跨境传入途径分析
	25	重大外来入侵害虫的种群溯源研究
	26	境外农业入侵害虫种类及分布调查
	27	重大外来入侵害虫的定殖机制研究
	28	政产学研推的协调及部门联动工程
	29	入侵害虫的识别知识普及工程
	30	入侵害虫的防控技术普及工程
高级研发需求	31	入侵害虫绿色环保熏蒸剂处理技术标准
	32	基于食诱剂的入侵害虫监测技术
	33	基于特异性光谱的小型入侵害虫监测技术
	34	基于性引诱剂的入侵害虫监测技术标准
	35	新发外来入侵害虫疫点/疫区根除效果评价标准
	36	主要农作物抗虫品种筛选及应用研究
	37	基于性引诱剂的入侵害虫田间诱杀技术
	38	基于食诱剂的入侵害虫田间诱杀技术
	39	基于特异性光谱的入侵害虫田间诱杀技术

（续表）

优先级别	编号	项目名称
高级研发需求	40	高效、环保的植物源农药筛选及应用
	41	高效、环保的微生物源农药筛选及应用
	42	入侵害虫化学药剂田间应用规程
	43	重大外来入侵害虫的寄生性天敌生产及防控技术
	44	重大外来入侵害虫的捕食性天敌生产及防控技术
	45	重大外来入侵害虫的生防真菌生产及防控技术
	46	重大外来入侵害虫的生防细菌生产及防控技术
	47	重大外来入侵害虫的病毒生产及防控技术
	48	重大外来入侵害虫的生防线虫生产及防控技术
	49	化学药剂对益虫和天敌的安全性评价
	50	重大外来入侵害虫的耐饥性研究
中级研发需求	51	高效、多维的入侵害虫快速鉴定技术标准制定
	52	基于PCR的入侵害虫快速鉴定技术标准制定
	53	基于GC-MS的入侵害虫快速鉴定技术标准制定
	54	入侵害虫热处理检疫技术标准制定
	55	入侵害虫低温处理检疫技术标准制定
	56	入侵害虫辐照处理检疫技术标准制定
	57	基于食诱剂的入侵害虫监测技术标准制定
	58	基于特异性光谱的小型入侵害虫监测技术标准制定
	59	基于性引诱剂的入侵害虫田间诱杀技术标准制定
	60	基于食诱剂的入侵害虫田间诱杀技术标准制定
	61	基于特异性光谱的入侵害虫田间诱杀技术标准制定
	62	重大外来入侵害虫的寄生性天敌种类调查与应用
	63	重大外来入侵害虫的捕食性天敌种类调查与应用
	64	重大外来入侵害虫的生防真菌种类调查与应用
	65	重大外来入侵害虫的生防细菌种类调查与应用
	66	重大外来入侵害虫的病毒种类调查与应用
	67	重大外来入侵害虫的生防线虫种类调查与应用
	68	重大外来入侵害虫的寄生性天敌生产及防控技术标准制定
	69	重大外来入侵害虫的捕食性天敌生产及防控技术标准制定
	70	重大外来入侵害虫的生防真菌生产及防控技术标准制定
	71	重大外来入侵害虫的生防细菌生产及防控技术标准制定
	72	重大外来入侵害虫的病毒生产及防控技术标准制定
	73	重大外来入侵害虫的生防线虫生产及防控技术标准制定
	74	重大外来入侵害虫与寄生性天敌种群互作关系研究

（续表）

优先级别	编号	项目名称
中级研发需求	75	重大外来入侵害虫的捕食性天敌种群互作关系研究
	76	重大外来入侵害虫天敌的生态学研究
	77	重大外来入侵害虫天敌的生物学研究
	78	重大外来入侵害虫的经济影响评估
	79	重大外来入侵害虫的社会影响评估
	80	重大外来入侵害虫的生态影响评估

表5-2　外来入侵植物病害领域研发需求项目优先级别及项目

优先级别	编号	项目名称
顶级研发需求	1	广东省农作物重要潜在入侵植物病害筛选
	2	广东省农作物重要潜在入侵植物病害的预警体系研究
	3	广东省农作物重要潜在入侵植物病害的风险评估技术
	4	高效、多维的入侵植物病害快速鉴定技术
	5	基于数字PCR的入侵植物病害快速鉴定技术
	6	基于LAMP的入侵植物病害快速鉴定技术
	7	入侵植物病害产地、运输检疫及阻截技术标准制定
	8	新发外来入侵植物病害疫点/疫区划分标准
	9	新发外来入侵植物病害疫点/疫区根除技术
	10	广东省农业入侵植物病害早期预警平台
	11	广东省农业入侵植物病害防控信息平台
	12	高效、环保的化学药剂筛选及应用
	13	入侵植物病害应急防控药剂筛选与田间药效评价
	14	重大外来入侵植物病害的成灾机制研究
	15	重大外来入侵植物病害的入侵植物特性研究
	16	重大外来入侵植物病害的传播扩散机制研究
	17	重大外来入侵植物病害的跨境传入途径分析
	18	重大外来入侵植物病害溯源研究
	19	境外农业入侵植物病害种类及分布调查
	20	重大外来入侵植物病害的定殖机制研究
	21	政产学研推的协调及部门联动工程
	22	入侵植物病害的识别知识普及工程
	23	入侵植物病害的防控技术普及工程
高级研发需求	24	高效、多维的入侵植物病害快速鉴定技术标准制定
	25	基于数字PCR的入侵植物病害快速鉴定技术标准制定
	26	基于LAMP的入侵植物病害快速鉴定技术标准制定
	27	新发外来入侵植物病害疫点/疫区根除效果评价标准

（续表）

优先级别	编号	项目名称
高级研发需求	28	主要农作物抗病品种筛选及应用研究
	29	基于熏蒸剂的入侵植物病害田间防控技术
	30	高效、环保的植物源农药筛选及应用
	31	高效、环保的微生物源农药筛选及应用
	32	入侵植物病害化学药剂田间应用规程
	33	重大外来入侵植物病害的生防菌生产及防控技术
	34	重大外来入侵植物病害的噬菌体生产及防控技术
	35	基于熏蒸剂的入侵植物病害田间防控技术标准制定
	36	重大外来入侵植物病害的抗药性研究
	37	化学药剂对生防菌的安全性评价
中级研发需求	38	重大外来入侵植物病害的生防菌开发与应用
	39	重大外来入侵植物病害的噬菌体开发与应用
	40	重大外来入侵植物病害的生防菌生产及防控技术标准制定
	41	重大外来入侵植物病害的噬菌体生产及防控技术标准制定
	42	重大外来入侵植物病害与生防菌互作关系研究
	43	重大外来入侵植物病害的噬菌体互作关系研究
	44	重大外来入侵植物病害噬菌体的生态学研究
	45	重大外来入侵植物病害的经济影响评估
	46	重大外来入侵植物病害的社会影响评估
	47	重大外来入侵植物病害的生态影响评估

表5-3　外来入侵杂草领域研发需求项目优先级别及项目

优先级别	编号	项目名称
顶级研发需求	1	广东省农作物重要潜在入侵杂草筛选
	2	广东省农作物重要潜在入侵杂草的预警体系研究
	3	广东省农作物重要潜在入侵杂草的风险评估技术
	4	入侵杂草绿色环保熏蒸剂筛选及应用
	5	基于GC-MS的入侵杂草化学指纹图谱库的建立及应用
	6	高效、多维的入侵杂草快速鉴定技术
	7	基于PCR的入侵杂草快速鉴定技术
	8	基于GC-MS的入侵杂草快速鉴定技术
	9	入侵杂草辐照处理检疫技术
	10	入侵杂草产地、运输检疫及阻截技术标准制定
	11	新发外来入侵杂草疫点/疫区划分标准
	12	新发外来入侵杂草疫点/疫区根除技术
	13	广东省农业入侵杂草早期预警平台

（续表）

优先级别	编号	项目名称
顶级研发需求	14	广东省农业入侵杂草防控信息平台
	15	高效、环保的化学药剂筛选及应用
	16	入侵杂草应急防控药剂筛选与田间药效评价
	17	重大外来入侵杂草的成灾机制研究
	18	重大外来入侵杂草的入侵特性研究
	19	重大外来入侵杂草的种群形成与扩散机制研究
	20	重大外来入侵杂草的跨境传入途径分析
	21	重大外来入侵杂草的种群溯源研究
	22	境外农业入侵杂草种类及分布调查
	23	重大外来入侵杂草的定殖机制研究
	24	政产学研推的协调及部门联动工程
	25	入侵杂草的识别知识普及工程
	26	入侵杂草的防控技术普及工程
高级研发需求	27	入侵杂草绿色环保熏蒸剂处理技术标准
	28	新发外来入侵杂草疫点/疫区根除效果评价标准
	29	入侵杂草化学药剂田间应用规程
	30	重大外来入侵杂草的天敌昆虫生产及防控技术
	31	重大外来入侵杂草的生防菌生产及防控技术
	32	化学药剂对杂草天敌昆虫的安全性评价
	33	重大外来入侵杂草的耐药性研究
中级研发需求	34	高效、多维的入侵杂草快速鉴定技术标准制定
	35	基于PCR的入侵杂草快速鉴定技术标准制定
	36	基于GC-MS的入侵杂草快速鉴定技术标准制定
	37	入侵杂草辐照处理检疫技术标准制定
	38	重大外来入侵杂草的天敌昆虫种类调查与应用
	39	重大外来入侵杂草的生防菌种类调查与应用
	40	重大外来入侵杂草的天敌昆虫生产及防控技术标准制定
	41	重大外来入侵杂草的生防菌生产及防控技术标准制定
	42	重大外来入侵杂草与天敌昆虫种群互作关系研究
	43	重大外来入侵杂草天敌昆虫的生态学研究
	44	重大外来入侵杂草天敌昆虫的生物学研究
	45	重大外来入侵杂草的经济影响评估
	46	重大外来入侵杂草的社会影响评估
	47	重大外来入侵杂草的生态影响评估

第二节

顶级研发需求分析

从风险性（高、中、低）、利润影响因素（有利因素与不利因素）、技术研发时间节点、组织研发主体4个方面对顶级研发需求进行分析。

一、市场风险分析

针对外来入侵害虫、外来入侵植物病害、外来入侵杂草3个领域，对其顶级研发需求项目进行市场风险分析。外来入侵害虫领域30个顶级研发需求项目中，低市场风险23个、中等市场风险6个、高市场风险1个（表5–4）；外来入侵植物病害领域23个顶级研发需求项目中，低市场风险14个、中等市场风险6个、高市场风险3个（表5–5）；外来入侵杂草领域26个顶级研发需求项目中，低市场风险11个、中等市场风险12个、高市场风险3个（表5–6）。

表5–4　外来入侵害虫领域顶级研发需求项目市场风险分析

风险等级	低风险	中风险	高风险
研发项目	广东省农作物重要潜在入侵害虫筛选	重大外来入侵害虫的成灾机制研究	境外农业入侵害虫种类及分布调查
	广东省农作物重要潜在入侵害虫的预警体系研究	重大外来入侵害虫的入侵特性研究	
	广东省农作物重要潜在入侵害虫的风险评估技术	重大外来入侵害虫的种群形成与扩散机制研究	
	入侵害虫绿色环保熏蒸剂筛选及应用	重大外来入侵害虫的跨境传入途径分析	
	基于性引诱剂的入侵害虫监测技术	重大外来入侵害虫的种群溯源研究	
	基于GC–MS的入侵害虫化学指纹图谱库的建立及应用	重大外来入侵害虫的定殖机制研究	
	基于色板的小型入侵害虫监测技术		
	高效、多维的入侵害虫快速鉴定技术		
	基于PCR的入侵害虫快速鉴定技术		

（续表）

风险等级	低风险	中风险	高风险
研发项目	基于GC-MS的入侵害虫快速鉴定技术		
	入侵害虫热处理检疫技术		
	入侵害虫低温处理检疫技术		
	入侵害虫辐照处理检疫技术		
	入侵害虫产地、运输检疫及阻截技术标准制定		
	新发外来入侵害虫疫点/疫区划分标准		
	新发外来入侵害虫疫点/疫区根除技术		
	广东省农业入侵害虫早期预警平台		
	广东省农业入侵害虫防控信息平台		
	高效、环保的化学药剂筛选及应用		
	入侵害虫应急防控药剂筛选与田间药效评价		
	政产学研推的协调及部门联动工程		
	入侵害虫的识别知识普及工程		
	入侵害虫的防控技术普及工程		

表5-5　外来入侵植物病害领域顶级研发需求项目市场风险分析

风险等级	低风险	中风险	高风险
研发项目	广东省农作物重要潜在入侵植物病害筛选	广东省农作物重要潜在入侵植物病害的预警体系研究	入侵植物病害产地、运输检疫及阻截技术标准制定
	广东省农作物重要潜在入侵植物病害的风险评估技术	重大外来入侵植物病害的成灾机制研究	境外农业入侵植物病害种类及分布调查
	高效、多维的入侵植物病害快速鉴定技术	重大外来入侵植物病害的入侵植物特性研究	重大外来入侵植物病害的定殖机制研究
	基于数字PCR的入侵植物病害快速鉴定技术	重大外来入侵植物病害的传播扩散机制研究	
	基于LAMP的入侵植物病害快速鉴定技术	重大外来入侵植物病害的跨境传入途径分析	
	新发外来入侵植物病害疫点/疫区划分标准	重大外来入侵植物病害溯源研究	
	新发外来入侵植物病害疫点/疫区根除技术		
	广东省农业入侵植物病害早期预警平台		
	广东省农业入侵植物病害防控信息平台		
	高效、环保的化学药剂筛选及应用		
	入侵植物病害应急防控药剂筛选与田间药效评价		
	政产学研推的协调及部门联动工程		
	入侵植物病害的识别知识普及工程		
	入侵植物病害的防控技术普及工程		

表5-6 外来入侵杂草领域顶级研发需求项目市场风险分析

风险等级	低风险	中风险	高风险
研发项目	广东省农作物重要潜在入侵杂草筛选	入侵杂草绿色环保熏蒸剂筛选及应用	境外农业入侵杂草种类及分布调查
	广东省农作物重要潜在入侵杂草的预警体系研究	入侵杂草产地、运输检疫及阻截技术标准制定	新发外来入侵杂草疫点/疫区根除技术
	广东省农作物重要潜在入侵杂草的风险评估技术	新发外来入侵杂草疫点/疫区划分标准	政产学研推的协调及部门联动工程
	基于GC-MS的入侵杂草化学指纹图谱库的建立及应用	广东省农业入侵杂草早期预警平台	
	基于PCR的入侵杂草快速鉴定技术	高效、多维的入侵杂草快速鉴定技术	
	基于GC-MS的入侵杂草快速鉴定技术	重大外来入侵杂草的成灾机制研究	
	入侵杂草辐照处理检疫技术	重大外来入侵杂草的入侵特性研究	
	广东省农业入侵杂草防控信息平台	重大外来入侵杂草的种群形成与扩散机制研究	
	高效、环保的化学药剂筛选及应用	重大外来入侵杂草的跨境传入途径分析	
	入侵杂草应急防控药剂筛选与田间药效评价	重大外来入侵杂草的种群溯源研究	
	入侵杂草的防控技术普及工程	重大外来入侵杂草的定殖机制研究	
		入侵杂草的识别知识普及工程	

二、技术风险分析

针对外来入侵害虫、外来入侵植物病害、外来入侵植物杂草3个领域，对其顶级研发需求项目进行技术风险分析。外来入侵害虫领域30个顶级研发需求项目中，低市场风险18个、中等市场风险10个、高市场风险2个（表5-7）；外来入侵植物病害领域23个顶级研发需求项目中，低市场风险10个、中等市场风险7个、高市场风险6个（表5-8）；外来入侵杂草领域26个顶级研发需求项目中，低市场风险13个、中等市场风险10个、高市场风险3个（表5-9）。

表5-7 外来入侵害虫领域顶级研发需求项目技术风险分析

风险等级	低风险	中风险	高风险
研发项目	广东省农作物重要潜在入侵害虫筛选	基于色板的小型入侵害虫监测技术	新发外来入侵害虫疫点/疫区根除技术
	广东省农作物重要潜在入侵害虫的预警体系研究	高效、多维的入侵害虫快速鉴定技术	政产学研推的协调及部门联动工程
	广东省农作物重要潜在入侵害虫的风险评估技术	入侵害虫辐照处理检疫技术	
	入侵害虫绿色环保熏蒸剂筛选及应用	入侵害虫产地、运输检疫及阻截技术标准制定	
	基于性引诱剂的入侵害虫监测技术	新发外来入侵害虫疫点/疫区划分标准	
	基于GC-MS的入侵害虫化学指纹图谱库的建立及应用	重大外来入侵害虫的成灾机制研究	
	基于PCR的入侵害虫快速鉴定技术	重大外来入侵害虫的入侵特性研究	
	基于GC-MS的入侵害虫快速鉴定技术	重大外来入侵害虫的种群形成与扩散机制研究	
	入侵害虫热处理检疫技术	重大外来入侵害虫的跨境传入途径分析	
	入侵害虫低温处理检疫技术	境外农业入侵害虫种类及分布调查	
	广东省农业入侵害虫早期预警平台		
	广东省农业入侵害虫防控信息平台		
	高效、环保的化学药剂筛选及应用		
	入侵害虫应急防控药剂筛选与田间药效评价		
	重大外来入侵害虫的种群溯源研究		
	重大外来入侵害虫的定殖机制研究		
	入侵害虫的识别知识普及工程		
	入侵害虫的防控技术普及工程		

表5-8　外来入侵植物病害领域顶级研发需求项目技术风险分析

风险等级	低风险	中风险	高风险
研发项目	广东省农作物重要潜在入侵植物病害筛选	广东省农作物重要潜在入侵植物病害的预警体系研究	高效、多维的入侵植物病害快速鉴定技术
	广东省农作物重要潜在入侵植物病害的风险评估技术	新发外来入侵植物病害疫点/疫区划分标准	入侵植物病害产地、运输检疫及阻截技术标准制定
	基于数字PCR的入侵植物病害快速鉴定技术	重大外来入侵植物病害的传播扩散机制研究	新发外来入侵植物病害疫点/疫区根除技术
	基于LAMP的入侵植物病害快速鉴定技术	重大外来入侵植物病害的跨境传入途径分析	重大外来入侵植物病害的成灾机制研究
	广东省农业入侵植物病害早期预警平台	重大外来入侵植物病害溯源研究	重大外来入侵植物病害的入侵植物特性研究
	广东省农业入侵植物病害防控信息平台	政产学研推的协调及部门联动工程	境外农业入侵植物病害种类及分布调查
	高效、环保的化学药剂筛选及应用		重大外来入侵植物病害的定殖机制研究
	入侵植物病害应急防控药剂筛选与田间药效评价		
	入侵植物病害的识别知识普及工程		
	入侵植物病害的防控技术普及工程		

表5-9　外来入侵杂草领域顶级研发需求项目技术风险分析

风险等级	低风险	中风险	高风险
研发项目	广东省农作物重要潜在入侵杂草筛选	广东省农作物重要潜在入侵杂草的预警体系研究	高效、多维的入侵杂草快速鉴定技术
	广东省农作物重要潜在入侵杂草的风险评估技术	入侵杂草绿色环保熏蒸剂筛选及应用	新发外来入侵杂草疫点/疫区根除技术
	基于GC-MS的入侵杂草化学指纹图谱库的建立及应用	入侵杂草产地、运输检疫及阻截技术标准制定	境外农业入侵杂草种类及分布调查
	基于PCR的入侵杂草快速鉴定技术	重大外来入侵杂草的成灾机制研究	
	基于GC-MS的入侵杂草快速鉴定技术	重大外来入侵杂草的入侵特性研究	
	入侵杂草辐照处理检疫技术	重大外来入侵杂草的种群形成与扩散机制研究	
	新发外来入侵杂草疫点/疫区划分标准	重大外来入侵杂草的跨境传入途径分析	
	广东省农业入侵杂草早期预警平台	重大外来入侵杂草的种群溯源研究	
	广东省农业入侵杂草防控信息平台	重大外来入侵杂草的定殖机制研究	

（续表）

风险等级	低风险	中风险	高风险
研发项目	高效、环保的化学药剂筛选及应用	政产学研推的协调及部门联动工程	
	入侵杂草应急防控药剂筛选与田间药效评价		
	入侵杂草的识别知识普及工程		
	入侵杂草的防控技术普及工程		

三、利润影响因素分析

针对外来入侵害虫、外来入侵植物病害、外来入侵杂草3个领域，对其顶级研发需求项目进行利润影响因素分析，结果见表5-10至表5-12。

表5-10　外来入侵害虫领域顶级研发需求项目利润影响因素分析

序号	项目名称	有利因素	不利因素
1	广东省农作物重要潜在入侵害虫筛选	农业生产需求大，数据已有一定的积累	信息共享及经费投入不足
2	广东省农作物重要潜在入侵害虫的预警体系研究	有一定的研究基础，政府测报推广体系较为健全	新发害虫入侵频率较高，技术响应滞后
3	广东省农作物重要潜在入侵害虫的风险评估技术	有较好的研究基础，农业生产需求大	政府重视度不够
4	入侵害虫绿色环保熏蒸剂筛选及应用	有较好的研究基础，口岸检疫处理需求大，符合社会发展趋势	技术难度大、周期长
5	基于性引诱剂的入侵害虫监测技术	符合生态环保要求，应用前景广泛	研究难度多，经济效益体现慢
6	基于GC-MS的入侵害虫化学指纹图谱库的建立及应用	研究基础较好，技术风险小	经费投入大，推广难度大
7	基于色板的小型入侵害虫监测技术	研究基础好，符合社会发展趋势	效果易受环境因素影响
8	高效、多维的入侵害虫快速鉴定技术	有较好的研究基础，口岸检疫鉴定需求大	经费投入大，研究成本高
9	基于PCR的入侵害虫快速鉴定技术	研究基础好，口岸检疫鉴定需求大	经费投入大，研究成本较高
10	基于GC-MS的入侵害虫快速鉴定技术	有较好的知识储备，社会和产业发展亟须	信息共享及经费投入不足
11	入侵害虫热处理检疫技术	有较好的研究基础，口岸检疫处理需求大	设备投入大，适用范围较窄
12	入侵害虫低温处理检疫技术	技术较为成熟，口岸检疫处理需求大	推广力度不够

（续表）

序号	项目名称	有利因素	不利因素
13	入侵害虫辐照处理检疫技术	有一定的研究基础，口岸检疫处理需求大	设备要求高，不利于推广
14	入侵害虫产地、运输检疫及阻截技术标准制定	研究基础较好，产业发展亟须	实施难度大，需要长期持续监测
15	新发外来入侵害虫疫点/疫区划分标准	社会及产业亟须，有较好的技术储备	实施难度大，经费投入多
16	新发外来入侵害虫疫点/疫区根除技术	社会及产业亟须，有较好的技术储备	实施难度大，经费投入多
17	广东省农业入侵害虫早期预警平台	有较好的技术储备，产业发展亟须	信息共享及经费投入不足
18	广东省农业入侵害虫防控信息平台	有较好的知识储备，社会和产业发展亟须	信息共享及经费投入不足
19	高效、环保的化学药剂筛选及应用	研究基础较好，产业发展亟须	技术难度大，周期长
20	入侵害虫应急防控药剂筛选与田间药效评价	研究基础较好，防控亟须	实施周期长，资金投入大
21	重大外来入侵害虫的成灾机制研究	有较好的研究基础和人才储备	资金投入不足，研究周期长
22	重大外来入侵害虫的入侵特性研究	有一定的研究基础和人才储备	技术难度大
23	重大外来入侵害虫的种群形成与扩散机制研究	研究基础好，有一定的人才储备	研究周期长，资金投入不足
24	重大外来入侵害虫的跨境传入途径分析	有较好的研究基础，人才储备充足	研究难度较大，经费需求量大
25	重大外来入侵害虫的种群溯源研究	研究基础较好，产业需求大	技术风险大，资金投入不足
26	境外农业入侵害虫种类及分布调查	社会及产业亟须，有一定的基础	实施难度大，经费投入量大
27	重大外来入侵害虫的定殖机制研究	有一定的研究基础，人才储备充足	研究难度较大，周期长
28	政产学研推的协调及部门联动工程	符合社会发展趋势，有一定的基础	缺乏沟通协调机制，实施难度大
29	入侵害虫的识别知识普及工程	有较好的知识储备，社会发展亟须	实施有一定难度，推广力度不够
30	入侵害虫的防控技术普及工程	有较好的技术储备，产业发展亟须	技术普及难度大

表5-11　外来入侵植物病害领域顶级研发需求项目利润影响因素分析

序号	项目名称	有利因素	不利因素
1	广东省农作物重要潜在入侵植物病害筛选	农业生产需求大，数据已有一定的积累	信息共享及经费投入不足
2	广东省农作物重要潜在入侵植物病害的预警体系研究	有一定的研究基础，政府测报推广体系较为健全	新发入侵植物病害入侵频率较高，技术响应滞后
3	广东省农作物重要潜在入侵植物病害的风险评估技术	有较好的研究基础，农业生产需求大	政府重视度不够
4	高效、多维的入侵植物病害快速鉴定技术	有较好的研究基础，口岸检疫鉴定需求大	经费投入大，研究成本高
5	基于数字PCR的入侵植物病害快速鉴定技术	研究基础好，口岸检疫鉴定需求大	经费投入大，研究成本较高
6	基于LAMP的入侵植物病害快速鉴定技术	研究基础好，符合社会发展趋势	推广难度大，适用范围较窄
7	入侵植物病害产地、运输检疫及阻截技术标准制定	研究基础较好，产业发展亟须	实施难度大，需要长期持续监测
8	新发外来入侵植物病害疫点/疫区划分标准	社会及产业亟须，有较好的技术储备	实施难度大，经费投入多
9	新发外来入侵植物病害疫点/疫区根除技术	社会及产业亟须，有较好的技术储备	实施难度大，经费投入多
10	广东省农业入侵植物病害早期预警平台	有较好的技术储备，产业发展亟须	信息共享及经费投入不足
11	广东省农业入侵植物病害防控信息平台	有较好的知识储备，社会和产业发展亟须	信息共享及经费投入不足
12	高效、环保的化学药剂筛选及应用	研究基础较好，产业发展亟须	技术难度大，周期长
13	入侵植物病害应急防控药剂筛选与田间药效评价	研究基础较好，防控亟须	实施周期长，资金投入大
14	重大外来入侵植物病害的成灾机制研究	有较好的研究基础和人才储备	资金投入不足，研究周期长
15	重大外来入侵植物病害的入侵特性研究	有一定的研究基础和人才储备	技术难度大
16	重大外来入侵植物病害的传播扩散机制研究	研究基础好，有一定的人才储备	研究周期长，资金投入不足
17	重大外来入侵植物病害的跨境传入途径分析	有较好的研究基础，人才储备充足	研究难度较大，经费需求量大
18	重大外来入侵植物病害溯源研究	研究基础较好，产业需求大	技术风险大，资金投入不足
19	境外农业入侵植物病害种类及分布调查	社会及产业亟须，有一定的基础	实施难度大，经费投入量大
20	重大外来入侵植物病害的定殖机制研究	有一定的研究基础，人才储备充足	研究难度较大，周期长

（续表）

序号	项目名称	有利因素	不利因素
21	政产学研推的协调及部门联动工程	符合社会发展趋势，有一定的基础	缺乏沟通协调机制，实施难度大
22	入侵植物病害的识别知识普及工程	有较好的知识储备，社会发展亟须	实施有一定难度，推广力度不够
23	入侵植物病害的防控技术普及工程	有较好的技术储备，产业发展亟须	技术普及难度大

表5-12　外来入侵杂草领域顶级研发需求项目利润影响因素分析

序号	项目名称	有利因素	不利因素
1	广东省农作物重要潜在入侵杂草筛选	农业生产需求大，数据已有一定的积累	信息共享及经费投入不足
2	广东省农作物重要潜在入侵杂草的预警体系研究	有一定的研究基础，政府测报推广体系较为健全	新发杂草入侵频率较高，技术响应滞后
3	广东省农作物重要潜在入侵杂草的风险评估技术	有较好的研究基础，农业生产需求大	政府重视度不够
4	入侵杂草绿色环保熏蒸剂筛选及应用	有较好的研究基础，口岸检疫处理需求大，符合社会发展趋势	技术难度大、周期长
5	基于GC-MS的入侵杂草化学指纹图谱库的建立及应用	研究基础较好，技术风险小	经费投入大，推广难度大
6	高效、多维的入侵杂草快速鉴定技术	有较好的研究基础，口岸检疫鉴定需求大	经费投入大，研究成本高
7	基于PCR的入侵杂草快速鉴定技术	研究基础好，口岸检疫鉴定需求大	经费投入大，研究成本较高
8	基于GC-MS的入侵杂草快速鉴定技术	有较好的知识储备，社会和产业发展亟须	信息共享及经费投入不足
9	入侵杂草辐照处理检疫技术	有一定的研究基础，口岸检疫处理需求大	设备要求高，不利于推广
10	入侵杂草产地、运输检疫及阻截技术标准制定	研究基础较好，产业发展亟须	实施难度大，需要长期持续监测
11	新发外来入侵杂草疫点/疫区划分标准	社会及产业亟须，有较好的技术储备	实施难度大，经费投入多
12	新发外来入侵杂草疫点/疫区根除技术	社会及产业亟须，有较好的技术储备	实施难度大，经费投入多
13	广东省农业入侵杂草早期预警平台	有较好的技术储备，产业发展亟须	信息共享及经费投入不足
14	广东省农业入侵杂草防控信息平台	有较好的知识储备，社会和产业发展亟须	信息共享及经费投入不足
15	高效、环保的化学药剂筛选及应用	研究基础较好，产业发展亟须	技术难度大，周期长
16	入侵杂草应急防控药剂筛选与田间药效评价	研究基础较好，防控亟须	实施周期长，资金投入大

（续表）

序号	项目名称	有利因素	不利因素
17	重大外来入侵杂草的成灾机制研究	有较好的研究基础和人才储备	资金投入不足，研究周期长
18	重大外来入侵杂草的入侵特性研究	有一定的研究基础和人才储备	技术难度大
19	重大外来入侵杂草的种群形成与扩散机制研究	研究基础好，有一定的人才储备	研究周期长，资金投入不足
20	重大外来入侵杂草的跨境传入途径分析	有较好的研究基础，人才储备充足	研究难度较大，经费需求量大
21	重大外来入侵杂草的种群溯源研究	研究基础较好，产业需求大	技术风险大，资金投入不足
22	境外农业入侵杂草种类及分布调查	社会及产业亟须，有一定的基础	实施难度大，经费投入量大
23	重大外来入侵杂草的定殖机制研究	有一定的研究基础，人才储备充足	研究难度较大，周期长
24	政产学研推的协调及部门联动工程	符合社会发展趋势，有一定的基础	缺乏沟通协调机制，实施难度大
25	入侵杂草的识别知识普及工程	有较好的知识储备，社会发展亟须	实施有一定难度，推广力度不够
26	入侵杂草的防控技术普及工程	有较好的技术储备，产业发展亟须	技术普及难度大

四、技术研发时间节点分析

针对外来入侵害虫、外来入侵植物病害、外来入侵杂草3个领域，对其顶级研发需求项目进行技术研发时间节点分析，结果见表5-13至表5-15。

表5-13　外来入侵害虫领域顶级研发需求项目技术研发时间节点

序号	项目名称	近期（<3年）	中期（3~10年）	长期（>10年）
1	广东省农作物重要潜在入侵害虫筛选	●		
2	广东省农作物重要潜在入侵害虫预警体系		●	
3	广东省农作物重要潜在入侵害虫的风险评估	●		
4	入侵害虫绿色环保熏蒸剂筛选及应用	●		
5	基于性引诱剂的入侵害虫监测技术	●		
6	基于GC-MS的入侵害虫化学指纹图谱库的建立及应用		●	
7	基于色板的小型入侵害虫监测技术	●		
8	高效、多维的入侵害虫快速鉴定技术		●	
9	基于PCR的入侵害虫快速鉴定技术	●		

（续表）

序号	项目名称	近期（<3年）	中期（3~10年）	长期（>10年）
10	基于GC-MS的入侵害虫快速鉴定技术	●		
11	入侵害虫热处理检疫技术	●		
12	入侵害虫低温处理检疫技术	●		
13	入侵害虫辐照处理检疫技术		●	
14	入侵害虫产地、运输检疫及阻截技术标准制定		●	
15	新发外来入侵害虫疫点/疫区划分标准	●		
16	新发外来入侵害虫疫点/疫区根除技术	●		
17	广东省农业入侵害虫早期预警平台	●		
18	广东省农业入侵害虫防控信息平台		●	
19	高效、环保的化学药剂筛选及应用		●	
20	入侵害虫应急防控药剂筛选与田间药效评价	●		
21	重大外来入侵害虫的成灾机制研究			●
22	重大外来入侵害虫的入侵特性研究			●
23	重大外来入侵害虫的种群形成与扩散机制研究			●
24	重大外来入侵害虫的跨境传入途径分析		●	
25	重大外来入侵害虫的种群溯源研究		●	
26	境外农业入侵害虫种类及分布调查	●		
27	重大外来入侵害虫的定殖机制研究			●
28	政产学研推的协调及部门联动工程	●		
29	入侵害虫的识别知识普及工程		●	
30	入侵害虫的防控技术普及工程		●	

表5-14　外来入侵植物病害领域顶级研发需求项目技术研发时间节点

序号	项目名称	近期（<3年）	中期（3~10年）	长期（>10年）
1	广东省农作物重要潜在入侵植物病害筛选	●		
2	广东省农作物重要潜在入侵植物病害预警体系		●	
3	广东省农作物重要潜在入侵植物病害的风险评估	●		
4	高效、多维的入侵植物病害快速鉴定技术		●	
5	基于数字PCR的入侵植物病害快速鉴定技术	●		
6	基于LAMP的入侵植物病害快速鉴定技术	●		
7	入侵植物病害产地、运输检疫及阻截技术标准制定		●	
8	新发外来入侵植物病害疫点/疫区划分标准	●		
9	新发外来入侵植物病害疫点/疫区根除技术	●		
10	广东省农业入侵植物病害早期预警平台	●		

（续表）

序号	项目名称	近期（<3年）	中期（3~10年）	长期（>10年）
11	广东省农业入侵植物病害防控信息平台		●	
12	高效、环保的化学药剂筛选及应用	●		
13	入侵植物病害应急防控药剂筛选与田间药效评价	●		
14	重大外来入侵植物病害的成灾机制研究			●
15	重大外来入侵植物病害的入侵特性研究			●
16	重大外来入侵植物病害的传播扩散机制研究			●
17	重大外来入侵植物病害的跨境传入途径分析		●	
18	重大外来入侵植物病害溯源研究		●	
19	境外农业入侵植物病害种类及分布调查	●		
20	重大外来入侵植物病害的定殖机制研究			●
21	政产学研推的协调及部门联动工程	●		
22	入侵植物病害的识别知识普及工程		●	
23	入侵植物病害的防控技术普及工程		●	

表5-15　外来入侵杂草领域顶级研发需求项目技术研发时间节点

序号	项目名称	近期（<3年）	中期（3~10年）	长期（>10年）
1	广东省农作物重要潜在入侵杂草筛选	●		
2	广东省农作物重要潜在入侵杂草预警体系研究		●	
3	广东省农作物重要潜在入侵杂草的风险评估	●		
4	入侵杂草绿色环保熏蒸剂筛选及应用	●		
5	基于GC-MS的入侵杂草化学指纹图谱库的建立及应用		●	
6	高效、多维的入侵杂草快速鉴定技术		●	
7	基于PCR的入侵杂草快速鉴定技术	●		
8	基于GC-MS的入侵杂草快速鉴定技术	●		
9	入侵杂草辐照处理检疫技术		●	
10	入侵杂草产地、运输检疫及阻截技术标准制定		●	
11	新发外来入侵杂草疫点/疫区划分标准	●		
12	新发外来入侵杂草疫点/疫区根除技术	●		
13	广东省农业入侵杂草早期预警平台	●		
14	广东省农业入侵杂草防控信息平台		●	
15	高效、环保的化学药剂筛选及应用		●	
16	入侵杂草应急防控药剂筛选与田间药效评价	●		
17	重大外来入侵杂草的成灾机制研究			●
18	重大外来入侵杂草的入侵特性研究			●

（续表）

序号	项目名称	近期（<3年）	中期（3~10年）	长期（>10年）
19	重大外来入侵杂草的种群形成与扩散机制研究			●
20	重大外来入侵杂草的跨境传入途径分析		●	
21	重大外来入侵杂草的种群溯源研究		●	
22	境外农业入侵杂草种类及分布调查	●		
23	重大外来入侵杂草的定殖机制研究			●
24	政产学研推的协调及部门联动工程	●		
25	入侵杂草的识别知识普及工程		●	
26	入侵杂草的防控技术普及工程		●	

五、技术发展模式分析

针对外来入侵害虫、外来入侵植物病害、外来入侵杂草3个领域，对其顶级研发需求项目进行技术发展模式分析，结果见表5-16至表5-18。

表5-16　外来入侵害虫领域顶级研发需求项目技术发展模式

序号	项目名称	研究主体	技术发展模式
1	广东省农作物重要潜在入侵害虫筛选	科研院所	自主研发
2	广东省农作物重要潜在入侵害虫的预警体系研究	政府、科研院所	自主研发
3	广东省农作物重要潜在入侵害虫的风险评估技术	科研院所	自主研发
4	入侵害虫绿色环保熏蒸剂筛选及应用	科研院所、企业	自主研发
5	基于性引诱剂的入侵害虫监测技术	科研院所	技术引进
6	基于GC-MS的入侵害虫化学指纹图谱库的建立及应用	科研院所	自主研发
7	基于色板的小型入侵害虫监测技术	科研院所	自主研发
8	高效、多维的入侵害虫快速鉴定技术	科研院所、企业	自主研发
9	基于PCR的入侵害虫快速鉴定技术	科研院所、企业	自主研发
10	基于GC-MS的入侵害虫快速鉴定技术	科研院所、企业	自主研发
11	入侵害虫热处理检疫技术	政府、科研院所	自主研发
12	入侵害虫低温处理检疫技术	政府、科研院所	自主研发
13	入侵害虫辐照处理检疫技术	政府、科研院所	自主研发
14	入侵害虫产地、运输检疫及阻截技术标准制定	政府、科研院所	自主研发
15	新发外来入侵害虫疫点/疫区划分标准	政府、科研院所	自主研发
16	新发外来入侵害虫疫点/疫区根除技术	政府、科研院所	自主研发
17	广东省农业入侵害虫早期预警平台	政府、科研院所	自主研发
18	广东省农业入侵害虫防控信息平台	政府、科研院所	自主研发

（续表）

序号	项目名称	研究主体	技术发展模式
19	高效、环保的化学药剂筛选及应用	企业、科研院所	自主研发
20	入侵害虫应急防控药剂筛选与田间药效评价	企业、科研院所	自主研发
21	重大外来入侵害虫的成灾机制研究	高校、科研院所	自主研发
22	重大外来入侵害虫的入侵特性研究	高校、科研院所	自主研发
23	重大外来入侵害虫种群形成与扩散机制研究	高校、科研院所	自主研发
24	重大外来入侵害虫的跨境传入途径分析	高校、科研院所	自主研发
25	重大外来入侵害虫的种群溯源研究	高校、科研院所	自主研发
26	境外农业入侵害虫种类及分布调查	高校、科研院所	中外合作研发
27	重大外来入侵害虫的定殖机制研究	高校、科研院所	自主研发
28	政产学研推的协调及部门联动工程	政府、企业、高校、科研院所	自主研发
29	入侵害虫的识别知识普及工程	政府、高校、科研院所	自主研发
30	入侵害虫的防控技术普及工程	政府、高校、科研院所	自主研发

表5-17　外来入侵植物病害领域顶级研发需求项目技术发展模式

序号	项目名称	研究主体	技术发展模式
1	广东省农作物重要潜在入侵植物病害筛选	科研院所	自主研发
2	广东省农作物重要潜在入侵植物病害的预警体系研究	政府、科研院所	自主研发
3	广东省农作物重要潜在入侵植物病害的风险评估技术	科研院所	自主研发
4	高效、多维的入侵植物病害快速鉴定技术	科研院所、企业	自主研发
5	基于数字PCR的入侵植物病害快速鉴定技术	科研院所、企业	自主研发
6	基于LAMP的入侵植物病害快速鉴定技术	科研院所、企业	自主研发
7	入侵植物病害产地、运输检疫及阻截技术标准制定	政府、科研院所	自主研发
8	新发外来入侵植物病害疫点/疫区划分标准	政府、科研院所	自主研发
9	新发外来入侵植物病害疫点/疫区根除技术	政府、科研院所	自主研发
10	广东省农业入侵植物病害早期预警平台	政府、科研院所	自主研发
11	广东省农业入侵植物病害防控信息平台	政府、科研院所	自主研发
12	高效、环保的化学药剂筛选及应用	企业、科研院所	自主研发
13	入侵植物病害应急防控药剂筛选与田间药效评价	企业、科研院所	自主研发
14	重大外来入侵植物病害的成灾机制研究	高校、科研院所	自主研发
15	重大外来入侵植物病害的入侵特性研究	高校、科研院所	自主研发
16	重大外来入侵植物病害的传播扩散机制研究	高校、科研院所	自主研发
17	重大外来入侵植物病害的跨境传入途径分析	高校、科研院所	自主研发
18	重大外来入侵植物病害溯源研究	高校、科研院所	自主研发
19	境外农业入侵植物病害种类及分布调查	高校、科研院所	中外合作研发

（续表）

序号	项目名称	研究主体	技术发展模式
20	重大外来入侵植物病害的定殖机制研究	高校、科研院所	自主研发
21	政产学研推的协调及部门联动工程	政府、企业、高校、科研院所	自主研发
22	入侵植物病害的识别知识普及工程	政府、高校、科研院所	自主研发
23	入侵植物病害的防控技术普及工程	政府、高校、科研院所	自主研发

表5-18　外来入侵杂草领域顶级研发需求项目技术发展模式

序号	项目名称	研究主体	技术发展模式
1	广东省农作物重要潜在入侵杂草筛选	科研院所	自主研发
2	广东省农作物重要潜在入侵杂草预警体系	政府、科研院所	自主研发
3	广东省农作物重要潜在入侵杂草的风险评估	科研院所	自主研发
4	入侵杂草绿色环保熏蒸剂筛选及应用	科研院所、企业	自主研发
5	基于GC-MS的入侵杂草化学指纹图谱库的建立及应用	科研院所	自主研发
6	高效、多维的入侵杂草快速鉴定技术	科研院所、企业	自主研发
7	基于PCR的入侵杂草快速鉴定技术	科研院所、企业	自主研发
8	基于GC-MS的入侵杂草快速鉴定技术	科研院所、企业	自主研发
9	入侵杂草辐照处理检疫技术	政府、科研院所	自主研发
10	入侵杂草产地、运输检疫及阻截技术标准制定	政府、科研院所	自主研发
11	新发外来入侵杂草疫点/疫区划分标准	政府、科研院所	自主研发
12	新发外来入侵杂草疫点/疫区根除技术	政府、科研院所	自主研发
13	广东省农业入侵杂草早期预警平台	政府、科研院所	自主研发
14	广东省农业入侵杂草防控信息平台	政府、科研院所	自主研发
15	高效、环保的化学药剂筛选及应用	企业、科研院所	自主研发
16	入侵杂草应急防控药剂筛选与田间药效评价	企业、科研院所	自主研发
17	重大外来入侵杂草的成灾机制研究	高校、科研院所	自主研发
18	重大外来入侵杂草的入侵特性研究	高校、科研院所	自主研发
19	重大外来入侵杂草的种群形成与扩散机制	高校、科研院所	自主研发
20	重大外来入侵杂草的跨境传入途径分析	高校、科研院所	自主研发
21	重大外来入侵杂草的种群溯源研究	高校、科研院所	自主研发
22	境外农业入侵杂草种类及分布调查	高校、科研院所	中外合作研发
23	重大外来入侵杂草的定殖机制研究	高校、科研院所	自主研发
24	政产学研推的协调及部门联动工程	政府、企业、高校、科研院所	自主研发
25	入侵杂草的识别知识普及工程	政府、高校、科研院所	自主研发
26	入侵杂草的防控技术普及工程	政府、高校、科研院所	自主研发

第六章

绘制产业技术路线图

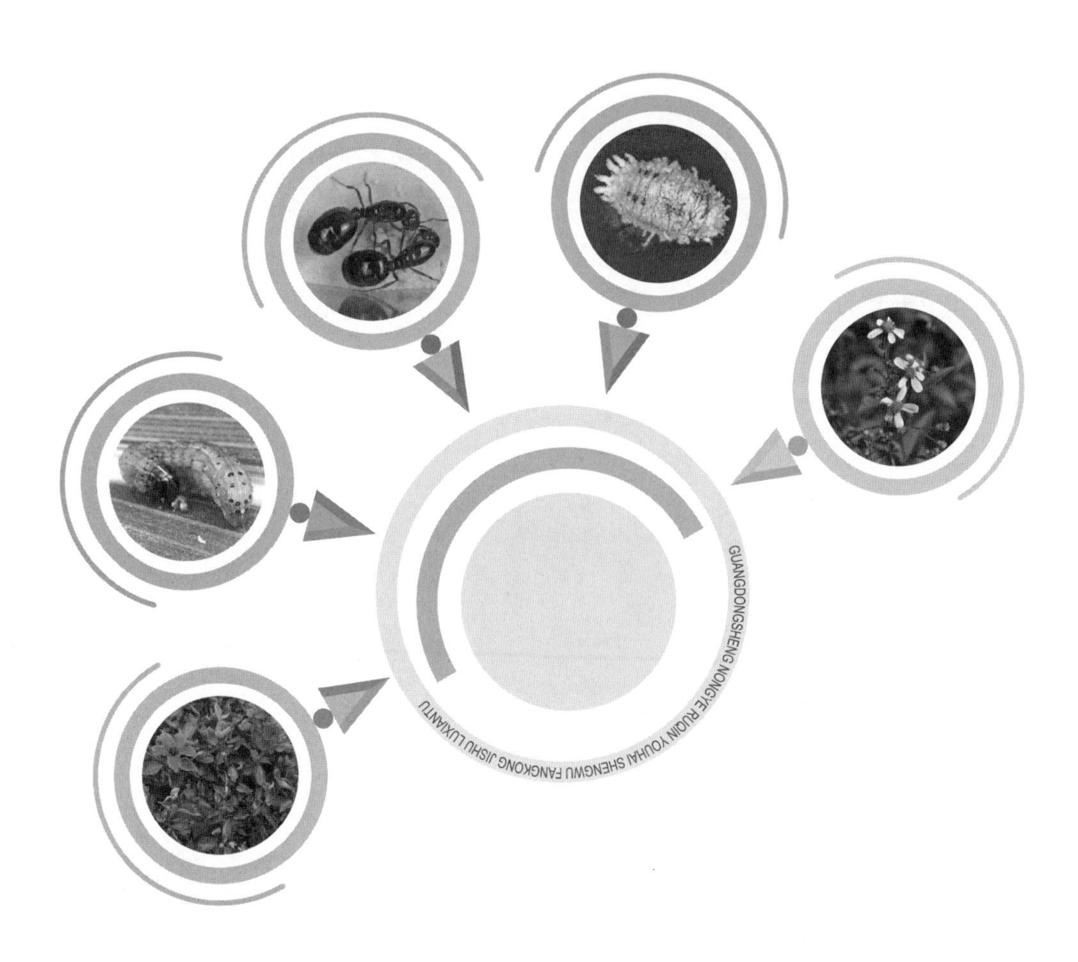

第一节

绘制研发需求优先级别技术路线图

通过对市场需求、产业目标、技术壁垒、研发需求的总结，识别出关键的时间节点，根据统计结果，对各研讨会的内容进行有效的分析，融合各研讨会的内容和结论，并进一步对顶级研发需求进行市场风险分析、技术风险分析和研发组织主体分析，为技术路线图的绘制提供依据。在研讨技术路线图制定过程中，将4场研讨会的结果和结论进行整合、凝练，以研发时间节点为要素，分别绘制广东省农业外来入侵害虫、外来入侵植物病害、外来入侵杂草3个领域的技术路线图，最后整合形成广东省农业入侵有害生物防控技术路线图。

外来入侵害虫领域的研发需求技术路线图见图6–1，图中标示的优先级别、项目编号对应于表6–1中相应编号的项目名称；外来入侵植物病害领域的研发需求技术路线图见图6–2，图中标示的优先级别、项目编号对应于表6–2中相应编号的项目名称；外来入侵杂草领域的研发需求技术路线图见图6–3，图中标示的优先级别、项目编号对应于表6–3中相应编号的项目名称。

企业层面	项目研发组（少） ★4 ★9 ★10 ★20 ★28	项目研发组（少） ★19 ■40 ■41	项目研发组（少）
产业层面	项目研发组（中） ★1 ★3 ★4 ★5 ★7 ★9 ★10 ★11 ★12 ★15 ★16 ★17 ★20 ★26 ★28 ■32 ■36 ▲62 ▲63 ▲64 ▲65 ▲66 ▲67	项目研发组（多） ★2 ★6 ★8 ★13 ★14 ★18 ★19 ★24 ★25 ★29 ★30 ■31 ■33 ■34 ■35 ■37 ■38 ■39 ■40 ■41 ■42 ■43 ■44 ■45 ■46 ■47 ■48 ▲51 ▲52 ▲53 ▲54 ▲55 ▲56 ▲57 ▲58 ▲59 ▲60 ▲61 ▲68 ▲69 ▲70 ▲71 ▲72 ▲73	项目研发组（中） ★21 ★22 ★23 ★27 ■49 ■50 ▲74 ▲75 ▲76 ▲77 ▲78 ▲79 ▲80
政府层面	项目研发组（少） ★11 ★12 ★15 ★16 ★17 ★28	项目研发组（中） ★2 ★13 ★14 ★18 ★29 ★30 ■31 ■34 ■35 ■42 ▲51 ▲54 ▲55 ▲56	项目研发组（少）
时间	近期（<3 年）	中期（3~10 年）	长期（>10年）

图6-1 外来入侵害虫领域研发需求技术路线图

注：①□代表凝练和筛选的研发项目；

②项目的优先级别：★顶级；■高级；▲中级。

企业层面	项目研发组（少） ★5 ★6 ★12 ★13 ★21	项目研发组（中） ★3 ★4 ■30 ■31 ■37 ▲39 ▲40 ▲41	项目研发组（少）
产业层面	项目研发组（中） ★1 ★3 ★5 ★6 ★8 ★9 ★10 ★12 ★13 ★19 ★21 ■25 ■26 ■28	项目研发组（多） ★2 ★3 ★4 ★7 ★11 ★17 ★18 ★22 ★23 ■24 ■27 ■29 ■30 ■31 ■32 ■33 ■34 ■35 ■37 ▲39 ▲40 ▲41	项目研发组（中） ★14 ★15 ★16 ★20 ■36 ▲42 ▲43 ▲44 ▲45 ▲46 ▲47
政府层面	项目研发组（少） ★8 ★9 ★10 ★21	项目研发组（中） ★2 ★7 ★11 ★22 ★23 ■27	项目研发组（少）
时间	近期（<3年）	中期（3~10年）	长期（>10年）

图6-2　外来入侵植物病害领域研发需求技术路线图

注：①□代表凝练和筛选的研发项目；

②项目的优先级别：★顶级；■高级；▲中级。

企业层面	项目研发组（少） ★4 ★7 ★8 ★16 ★24	项目研发组（少） ★15 ■29 ■31	项目研发组（少）
产业层面	项目研发组（中） ★1 ★3 ★4 ★7 ★8 ★11 ★12 ★13 ★16 ★22 ★24 ■28 ▲35 ▲36	项目研发组（多） ★2 ★5 ★6 ★9 ★10 ★14 ★15 ★20 ★21 ★25 ★26 ■27 ■29 ■30 ■31 ■32 ■33 ▲34 ▲38 ▲39 ▲40 ▲41	项目研发组（中） ★17 ★18 ★19 ★23 ▲42 ▲43 ▲44 ▲45 ▲46 ▲47
政府层面	项目研发组（少） ★11 ★12 ★13 ★24	项目研发组（中） ★2 ★6 ★9 ★10 ★14 ★25 ★26 ■27 ▲37	项目研发组（少） ▲45 ▲46 ▲47
时间	近期（<3年）	中期（3~10年）	长期（>10年）

图6-3　外来入侵杂草领域研发需求技术路线图

注：①□代表凝练和筛选的研发项目；

②项目的优先级别：★顶级；■高级；▲中级。

表6-1　外来入侵害虫领域研发需求项目优先级别及项目

优先级别	编号	项目名称	近期	中期	长期	研究主体
★	1	广东省农作物重要潜在入侵害虫筛选	●			产业
★	2	广东省农作物重要潜在入侵害虫的预警体系研究		●		政府、产业
★	3	广东省农作物重要潜在入侵害虫的风险评估技术	●			产业
★	4	入侵害虫绿色环保熏蒸剂筛选及应用	●			产业、企业
★	5	基于性引诱剂的入侵害虫监测技术	●			产业
★	6	基于GC-MS的入侵害虫化学指纹图谱库的建立及应用		●		产业
★	7	基于色板的小型入侵害虫监测技术	●			产业
★	8	高效、多维的入侵害虫快速鉴定技术		●		产业、企业
★	9	基于PCR的入侵害虫快速鉴定技术	●			产业、企业
★	10	基于GC-MS的入侵害虫快速鉴定技术	●			产业、企业
★	11	入侵害虫热处理检疫技术	●			政府、产业

（续表）

优先级别	编号	项目名称	近期	中期	长期	研究主体
★	12	入侵害虫低温处理检疫技术	●			政府、产业
★	13	入侵害虫辐照处理检疫技术		●		政府、产业
★	14	入侵害虫产地、运输检疫及阻截技术标准制定		●		政府、产业
★	15	新发外来入侵害虫疫点/疫区划分标准	●			政府、产业
★	16	新发外来入侵害虫疫点/疫区根除技术	●			政府、产业
★	17	广东省农业入侵害虫早期预警平台	●			政府、产业
★	18	广东省农业入侵害虫防控信息平台		●		政府、产业
★	19	高效、环保的化学药剂筛选及应用		●		企业、产业
★	20	入侵害虫应急防控药剂筛选与田间药效评价	●			企业、产业
★	21	重大外来入侵害虫的成灾机制研究			●	产业
★	22	重大外来入侵害虫的入侵特性研究			●	产业
★	23	重大外来入侵害虫的种群形成与扩散机制研究			●	产业
★	24	重大外来入侵害虫的跨境传入途径分析		●		产业
★	25	重大外来入侵害虫的种群溯源研究		●		产业
★	26	境外农业入侵害虫种类及分布调查	●			产业
★	27	重大外来入侵害虫的定殖机制研究			●	产业
★	28	政产学研推的协调及部门联动工程	●			政府、企业、产业
★	29	入侵害虫的识别知识普及工程		●		政府、产业
★	30	入侵害虫的防控技术普及工程		●		政府、产业
■	31	入侵害虫绿色环保熏蒸剂处理技术标准		●		政府、产业
■	32	基于食诱剂的入侵害虫监测技术	●			产业
■	33	基于特异性光谱的小型入侵害虫监测技术		●		产业
■	34	基于性引诱剂的入侵害虫监测技术标准		●		政府、产业
■	35	新发外来入侵害虫疫点/疫区根除效果评价标准		●		政府、产业
■	36	主要农作物抗虫品种筛选及应用研究	●			产业
■	37	基于性引诱剂的入侵害虫田间诱杀技术		●		产业
■	38	基于食诱剂的入侵害虫田间诱杀技术		●		产业
■	39	基于特异性光谱的入侵害虫田间诱杀技术		●		产业
■	40	高效、环保的植物源农药筛选及应用		●		企业、产业
■	41	高效、环保的微生物源农药筛选及应用		●		企业、产业
■	42	入侵害虫化学药剂田间应用规程		●		政府、产业

（续表）

优先级别	编号	项目名称	近期	中期	长期	研究主体
■	43	重大外来入侵害虫的寄生性天敌生产及防控技术		●		产业
■	44	重大外来入侵害虫的捕食性天敌生产及防控技术		●		产业
■	45	重大外来入侵害虫的病原真菌生产及防控技术		●		产业
■	46	重大外来入侵害虫的病原细菌生产及防控技术		●		产业
■	47	重大外来入侵害虫的病毒生产及防控技术		●		产业
■	48	重大外来入侵害虫的病原线虫生产及防控技术		●		产业
■	49	化学药剂对益虫和天敌的安全性评价			●	产业
■	50	重大外来入侵害虫的耐饥性研究			●	产业
▲	51	高效、多维的入侵害虫快速鉴定技术标准制定		●		政府、产业
▲	52	基于PCR的入侵害虫快速鉴定技术标准制定		●		产业
▲	53	基于GC-MS的入侵害虫快速鉴定技术标准制定		●		产业
▲	54	入侵害虫热处理检疫技术标准制定		●		政府、产业
▲	55	入侵害虫低温处理检疫技术标准制定		●		政府、产业
▲	56	入侵害虫辐照处理检疫技术标准制定		●		政府、产业
▲	57	基于食诱剂的入侵害虫监测技术标准制定		●		产业
▲	58	基于特异性光谱的小型入侵害虫监测技术标准制定		●		产业
▲	59	基于性引诱剂的入侵害虫田间诱杀技术标准制定		●		产业
▲	60	基于食诱剂的入侵害虫田间诱杀技术标准制定		●		产业
▲	61	基于特异性光谱的入侵害虫田间诱杀技术标准制定		●		产业
▲	62	重大外来入侵害虫的寄生性天敌种类调查与应用	●			产业
▲	63	重大外来入侵害虫的捕食性天敌种类调查与应用	●			产业
▲	64	重大外来入侵害虫的病原真菌种类调查与应用	●			产业
▲	65	重大外来入侵害虫的病原细菌种类调查与应用	●			产业
▲	66	重大外来入侵害虫的病毒种类调查与应用	●			产业
▲	67	重大外来入侵害虫的病原线虫种类调查与应用	●			产业
▲	68	重大外来入侵害虫的寄生性天敌生产及防控技术标准制定		●		产业
▲	69	重大外来入侵害虫的捕食性天敌生产及防控技术标准制定		●		产业
▲	70	重大外来入侵害虫的病原真菌生产及防控技术标准制定		●		产业

（续表）

优先级别	编号	项目名称	近期	中期	长期	研究主体
▲	71	重大外来入侵害虫的病原细菌生产及防控技术标准制定		●		产业
▲	72	重大外来入侵害虫的病毒生产及防控技术标准制定		●		产业
▲	73	重大外来入侵害虫的病原线虫生产及防控技术标准制定		●		产业
▲	74	重大外来入侵害虫与寄生性天敌种群互作关系研究			●	产业
▲	75	重大外来入侵害虫的捕食性天敌种群互作关系研究			●	产业
▲	76	重大外来入侵害虫天敌的生态学研究			●	产业
▲	77	重大外来入侵害虫天敌的生物学研究			●	产业
▲	78	重大外来入侵害虫的经济影响评估			●	产业
▲	79	重大外来入侵害虫的社会影响评估			●	产业
▲	80	重大外来入侵害虫的生态影响评估			●	产业

注：项目的优先级别：★顶级；■高级；▲中级。

表6-2　外来入侵植物病害领域研发需求项目优先级别及项目

优先级别	编号	项目名称	近期	中期	长期	研究主体
★	1	广东省农作物重要潜在入侵植物病害筛选	●			产业
★	2	广东省农作物重要潜在入侵植物病害的预警体系研究		●		政府、产业
★	3	广东省农作物重要潜在入侵植物病害的风险评估技术	●			产业
★	4	高效、多维的入侵植物病害快速鉴定技术		●		产业、企业
★	5	基于数字PCR的入侵植物病害快速鉴定技术	●			产业、企业
★	6	基于LAMP的入侵植物病害快速鉴定技术	●			产业、企业
★	7	入侵植物病害产地、运输检疫及阻截技术标准制定		●		政府、产业
★	8	新发外来入侵植物病害疫点/疫区划分标准	●			政府、产业
★	9	新发外来入侵植物病害疫点/疫区根除技术	●			政府、产业
★	10	广东省农业入侵植物病害早期预警平台	●			政府、产业
★	11	广东省农业入侵植物病害防控信息平台		●		政府、产业
★	12	高效、环保的化学药剂筛选及应用	●			企业、产业
★	13	入侵植物病害应急防控药剂筛选与田间药效评价	●			企业、产业

（续表）

优先级别	编号	项目名称	近期	中期	长期	研究主体
★	14	重大外来入侵植物病害的成灾机制研究			●	产业
★	15	重大外来入侵植物病害的入侵特性研究			●	产业
★	16	重大外来入侵植物病害的传播扩散机制研究			●	产业
★	17	重大外来入侵植物病害的跨境传入途径分析		●		产业
★	18	重大外来入侵植物病害溯源研究		●		产业
★	19	境外农业入侵植物病害种类及分布调查	●			产业
★	20	重大外来入侵植物病害的定殖机制研究			●	产业
★	21	政产学研推的协调及部门联动工程	●			政府、企业、产业
★	22	入侵植物病害的识别知识普及工程		●		政府、产业
★	23	入侵植物病害的防控技术普及工程		●		政府、产业
■	24	高效、多维的入侵植物病害快速鉴定技术标准制定		●		产业
■	25	基于数字PCR的入侵植物病害快速鉴定技术标准制定	●			产业
■	26	基于LAMP的入侵植物病害快速鉴定技术标准制定	●			产业
■	27	新发外来入侵植物病害疫点/疫区根除效果评价标准		●		政府、产业
■	28	主要农作物抗病品种筛选及应用研究	●			产业
■	29	基于熏蒸剂的入侵植物病害田间防控技术		●		产业
■	30	高效、环保的植物源农药筛选及应用		●		企业、产业
■	31	高效、环保的微生物源农药筛选及应用		●		企业、产业
■	32	入侵植物病害化学药剂田间应用规程	●			产业
■	33	重大外来入侵植物病害的生防菌生产及防控技术		●		产业
■	34	重大外来入侵植物病害的噬菌体生产及防控技术		●		产业
■	35	基于熏蒸剂的入侵植物病害田间防控技术标准制定		●		产业
■	36	重大外来入侵植物病害的抗药性研究			●	产业
■	37	化学药剂对生防菌的安全性评价		●		企业、产业
▲	38	重大外来入侵植物病害的生防菌开发与应用		●		企业、产业
▲	39	重大外来入侵植物病害的噬菌体开发与应用		●		企业、产业
▲	40	重大外来入侵植物病害的生防菌生产及防控技术标准制定		●		企业、产业

（续表）

优先级别	编号	项目名称	近期	中期	长期	研究主体
▲	41	重大外来入侵植物病害的噬菌体生产及防控技术标准制定		●		企业、产业
▲	42	重大外来入侵植物病害与生防菌互作关系研究			●	产业
▲	43	重大外来入侵植物病害的噬菌体互作关系研究			●	产业
▲	44	重大外来入侵植物病害噬菌体的生态学研究			●	产业
▲	45	重大外来入侵植物病害的经济影响评估			●	产业
▲	46	重大外来入侵植物病害的社会影响评估			●	产业
▲	47	重大外来入侵植物病害的生态影响评估			●	产业

注：项目的优先级别：★顶级；■高级；▲中级。

表6-3　外来入侵杂草领域研发需求项目优先级别及项目

优先级别	编号	项目名称	近期	中期	长期	研究主体
★	1	广东省农作物重要潜在入侵杂草筛选	●			产业
★	2	广东省农作物重要潜在入侵杂草的预警体系研究		●		政府、产业
★	3	广东省农作物重要潜在入侵杂草的风险评估技术	●			产业
★	4	入侵杂草绿色环保熏蒸剂筛选及应用	●			产业、企业
★	5	基于GC-MS的入侵杂草化学指纹图谱库的建立及应用		●		产业
★	6	高效、多维的入侵杂草快速鉴定技术		●		产业、企业
★	7	基于PCR的入侵杂草快速鉴定技术	●			产业、企业
★	8	基于GC-MS的入侵杂草快速鉴定技术	●			产业、企业
★	9	入侵杂草辐照处理检疫技术		●		政府、产业
★	10	入侵杂草产地、运输检疫及阻截技术标准制定		●		政府、产业
★	11	新发外来入侵杂草疫点/疫区划分标准	●			政府、产业
★	12	新发外来入侵杂草疫点/疫区根除技术	●			政府、产业
★	13	广东省农业入侵杂草早期预警平台	●			政府、产业
★	14	广东省农业入侵杂草防控信息平台		●		政府、产业
★	15	高效、环保的化学药剂筛选及应用		●		企业、产业
★	16	入侵杂草应急防控药剂筛选与田间药效评价	●			企业、产业
★	17	重大外来入侵杂草的成灾机制研究			●	产业
★	18	重大外来入侵杂草的入侵特性研究			●	产业
★	19	重大外来入侵杂草的种群形成与扩散机制研究			●	产业

（续表）

优先级别	编号	项目名称	近期	中期	长期	研究主体
★	20	重大外来入侵杂草的跨境传入途径分析		●		产业
★	21	重大外来入侵杂草的种群溯源研究		●		产业
★	22	境外农业入侵杂草种类及分布调查	●			产业
★	23	重大外来入侵杂草的定殖机制研究			●	产业
★	24	政产学研推的协调及部门联动工程	●			政府、企业、产业
★	25	入侵杂草的识别知识普及工程		●		政府、产业
★	26	入侵杂草的防控技术普及工程		●		政府、产业
■	27	入侵杂草绿色环保熏蒸剂处理技术标准		●		产业
■	28	新发外来入侵杂草疫点/疫区根除效果评价标准	●			产业
■	29	入侵杂草化学药剂田间应用规程		●		企业、产业
■	30	重大外来入侵杂草的天敌昆虫生产及防控技术		●		产业
■	31	重大外来入侵杂草的生防菌生产及防控技术		●		企业、产业
■	32	化学药剂对杂草天敌昆虫的安全性评价		●		产业
■	33	重大外来入侵杂草的耐药性研究		●		产业
▲	34	高效、多维的入侵杂草快速鉴定技术标准制定		●		产业
▲	35	基于PCR的入侵杂草快速鉴定技术标准制定	●			产业
▲	36	基于GC-MS的入侵杂草快速鉴定技术标准制定	●			产业
▲	37	入侵杂草辐照处理检疫技术标准制定		●		政府
▲	38	重大外来入侵杂草的天敌昆虫种类调查与应用		●		产业
▲	39	重大外来入侵杂草的生防菌种类调查与应用		●		产业
▲	40	重大外来入侵杂草的天敌昆虫生产及防控技术标准制定		●		产业
▲	41	重大外来入侵杂草的生防菌生产及防控技术标准制定		●		产业
▲	42	重大外来入侵杂草与天敌昆虫种群互作关系研究			●	产业
▲	43	重大外来入侵杂草天敌昆虫的生态学研究			●	产业
▲	44	重大外来入侵杂草天敌昆虫的生物学研究			●	产业
▲	45	重大外来入侵杂草的经济影响评估			●	政府、产业
▲	46	重大外来入侵杂草的社会影响评估			●	政府、产业
▲	47	重大外来入侵杂草的生态影响评估			●	政府、产业

注：项目的优先级别：★顶级；■高级；▲中级。

第二节

绘制顶级研发需求的技术路线图

一、绘制顶级研发需求技术路线图

顶级研发需求项目往往是制约产业发展最关键的技术壁垒，广东省农业入侵有害生物防控技术路线图研究团队对外来入侵害虫、外来入侵植物病害、外来入侵杂草领域顶级研发需求项目在攻关过程中可能存在的风险、利润影响因素、关键技术，以及研发时间节点分别进行了分析，见表6-4至表6-6。

表6-4　外来入侵害虫领域顶级研发需求技术路线图

顶级研发需求	风险	利润影响因素	关键技术	时间节点
广东省农作物重要潜在入侵害虫的预警体系研究	低　中　高 前期已构建广东省潜在入侵害虫数据库，利于筛选高风险对象	有利因素：有一定的研究基础，政府测报推广体系较为健全 不利因素：新发害虫入侵频率较高，技术响应滞后	广东省农作物重要潜在入侵害虫的预警体系	近期　中期　长期
广东省农作物重要潜在入侵害虫的风险评估技术	低　中　高 已掌握多种风险评估模型，技术上容易实现	有利因素：有较好的研究基础，农业生产需求大 不利因素：政府重视度不够	广东省农作物重要潜在入侵害虫风险评估技术	近期　中期　长期
重大外来入侵害虫的种群溯源研究	低　中　高 入侵害虫的标记技术体系较为成熟，技术上可行	有利因素：研究基础较好，产业需求大 不利因素：技术风险大，资金投入不足	重大外来入侵害虫的种群溯源技术	近期　中期　长期
境外农业入侵害虫种类及分布调查	低　中　高 境外物种信息难以共享，存在技术壁垒	有利因素：社会及产业亟须，有一定的基础 不利因素：实施难度大，经费投入量大	境外农业入侵害虫种类及地理分布格局	近期　中期　长期

（续表）

顶级研发需求	风险	利润影响因素	关键技术	时间节点
入侵害虫绿色环保熏蒸剂筛选及应用	低 中 高 已研发出低温、高温、熏蒸等成熟的检疫处理技术，在此基础上改进提出高效、绿色的处理技术	有利因素：有较好的研究基础，口岸检疫处理需求大，符合社会发展趋势 不利因素：技术难度大、周期长	入侵害虫绿色环保检疫处理技术	近期 中期 长期
基于GC-MS的入侵害虫化学指纹图谱库的建立及应用	低 中 高 技术储备充足，技术上容易实现	有利因素：研究基础较好，技术风险小 不利因素：经费投入大，推广难度大	基于GC-MS的入侵害虫化学指纹图谱库及快速鉴定技术	近期 中期 长期
基于PCR的入侵害虫快速鉴定技术	低 中 高 技术上容易实现	有利因素：研究基础好，口岸检疫鉴定需求大 不利因素：经费投入大，研究成本较高	基于PCR的入侵害虫快速鉴定技术	近期 中期 长期
高效、多维的入侵害虫快速鉴定技术	低 中 高 口岸快速鉴定技术整合有一定难度	有利因素：有较好的研究基础，口岸检疫鉴定需求大 不利因素：经费投入大，研究成本高	高效、多维的入侵害虫快速鉴定技术	近期 中期 长期
新发外来入侵害虫疫点/疫区根除技术	低 中 高 外来入侵害虫成功定殖后根除难度大	有利因素：社会及产业亟须，有较好的技术储备 不利因素：实施难度大，经费投入多	新发外来入侵害虫疫点/疫区根除技术	近期 中期 长期
高效、环保的化学药剂筛选及应用	低 中 高 已有成熟的化学药剂筛选及应用技术可以借鉴	有利因素：研究基础较好，产业发展亟须 不利因素：技术难度大，周期长	高效、环保的化学杀虫剂应用技术	近期 中期 长期
入侵害虫应急防控药剂筛选与田间药效评价	低 中 高 在已有杀虫剂进行针对性的筛选	有利因素：研究基础较好，防控亟须 不利因素：实施周期长，资金投入大	入侵害虫应急防控技术及应用	近期 中期 长期

（续表）

顶级研发需求	风险	利润影响因素	关键技术	时间节点
基于性引诱剂的入侵害虫监测技术	低 中 高 性信息素研究基础较好	有利因素：符合生态环保要求，应用前景广泛 不利因素：研究难度多，经济效益体现慢	基于性引诱剂的入侵害虫监测技术	近期 中期 长期
基于色板的小型入侵害虫监测技术	低 中 高 应用前景广泛，但特异性差	有利因素：研究基础好，符合社会发展趋势 不利因素：效果易受环境因素影响	基于色板的小型入侵害虫监测技术	近期 中期 长期
入侵害虫产地、运输检疫及阻截技术	低 中 高 产地及运输过程检测难度较大，难以实现彻底阻截	有利因素：研究基础较好，产业发展亟须 不利因素：实施难度大，需要长期持续监测	入侵害虫产地、运输检疫及阻截技术	近期 中期 长期

表6-5　外来入侵植物病害领域顶级研发需求技术路线图

顶级研发需求	风险	利润影响因素	关键技术	时间节点
广东省农作物重要潜在入侵植物病害的预警体系研究	低 中 高 前期已构建广东省潜在入侵植物病害数据库，利于筛选高风险对象	有利因素：有一定的研究基础，政府测报推广体系较为健全 不利因素：新发病害入侵频率较高，技术响应滞后	广东省农作物重要潜在入侵植物病害的预警体系	近期 中期 长期
广东省农作物重要潜在入侵植物病害的风险评估技术	低 中 高 已掌握多种风险评估模型，技术上容易实现	有利因素：有较好的研究基础，农业生产需求大 不利因素：政府重视度不够	广东省农作物重要潜在入侵植物病害风险评估技术	近期 中期 长期
重大外来入侵植物病害溯源研究	低 中 高 入侵植物病害的标记技术体系较为成熟，技术上可行	有利因素：研究基础较好，产业需求大 不利因素：技术风险大，资金投入不足	重大外来入侵植物病害的种群溯源技术	近期 中期 长期

（续表）

顶级研发需求	风险	利润影响因素	关键技术	时间节点
境外农业入侵植物病害种类及分布调查	低 中 高（高）境外物种信息难以共享，存在技术壁垒	有利因素：社会及产业亟须，有一定的基础 不利因素：实施难度大，经费投入量大	境外农业入侵植物病害种类及地理分布格局	近期 中期 长期（近期）
基于LAMP的入侵植物病害快速鉴定技术	低 中 高（低）技术储备充足，技术上容易实现	有利因素：研究基础较好，技术风险小 不利因素：推广难度大，适用范围较窄	基于LAMP的入侵植物病害快速鉴定技术	近期 中期 长期（近期）
基于数字PCR的入侵植物病害快速鉴定技术	低 中 高（低）技术上容易实现	有利因素：研究基础好，口岸检疫鉴定需求大 不利因素：经费投入大，研究成本较高	基于数字PCR的入侵植物病害快速鉴定技术	近期 中期 长期（近期）
高效、多维的入侵植物病害快速鉴定技术	低 中 高（高）口岸快速鉴定技术整合有一定难度	有利因素：有较好的研究基础，口岸检疫鉴定需求 不利因素：经费投入大，研究成本高	高效、多维的入侵植物病害快速鉴定技术	近期 中期 长期（近期）
新发外来入侵植物病害疫点/疫区根除技术	低 中 高（高）入侵植物病害成功定殖后根除难度大	有利因素：社会及产业亟须，有较好的技术储备 不利因素：实施难度大，经费投入多	新发外来入侵植物病害疫点/疫区根除技术	近期 中期 长期（近期）
高效、环保的化学药剂筛选及应用	低 中 高（低）已有成熟的化学药剂筛选及应用技术可以借鉴	有利因素：研究基础较好，产业发展亟须 不利因素：技术难度大，周期长	高效、环保的化学杀虫剂应用技术	近期 中期 长期（近期）
入侵植物病害应急防控药剂筛选与田间药效评价	低 中 高（低）在已有杀菌剂进行针对性的筛选	有利因素：研究基础较好，防控亟须 不利因素：实施周期长，资金投入大	入侵植物病害应急防控技术及应用	近期 中期 长期（近期）
入侵植物病害产地、运输检疫及阻截技术标准制定	低 中 高（高）产地及运输过程检测难度较大，难以实现彻底阻截	有利因素：研究基础较好，产业发展亟须 不利因素：实施难度大，需要长期持续监测	入侵植物病害产地、运输检疫及阻截技术	低 中 高（中）

表6-6 外来入侵杂草领域顶级研发需求技术路线图

顶级研发需求	风险	利润影响因素	关键技术	时间节点
广东省农作物重要潜在入侵杂草的预警体系研究	低● 中 高 前期已构建广东省潜在入侵杂草数据库，利于筛选高风险对象	↑ 有利因素：有一定的研究基础，政府测报推广体系较为健全 ↓ 不利因素：新发杂草入侵频率较高，技术响应滞后	广东省农作物重要潜在入侵杂草的预警体系	近期 中期● 长期
广东省农作物重要潜在入侵杂草的风险评估技术	低● 中 高 已掌握多种风险评估模型，技术上容易实现	↑ 有利因素：有较好的研究基础，农业生产需求大 ↓ 不利因素：政府重视度不够	广东省农作物重要潜在入侵杂草风险评估技术	近期● 中期 长期
重大外来入侵杂草的种群溯源研究	低 中● 高 入侵杂草的标记技术体系较为成熟，技术上可行	↑ 有利因素：研究基础较好，产业需求大 ↓ 不利因素：技术风险大，资金投入不足	重大外来入侵杂草的种群溯源技术	近期 中期● 长期
境外农业入侵杂草种类及分布调查	低 中 高● 境外物种信息难以共享，存在技术壁垒	↑ 有利因素：社会及产业亟须，有一定的基础 ↓ 不利因素：实施难度大，经费投入量大	境外农业入侵杂草种类及地理分布格局	近期● 中期 长期
入侵杂草绿色环保熏蒸剂筛选及应用	低 中● 高 已研发出熏蒸成熟的检疫处理技术，在此基础上改进提出高效、绿色的处理技术	↑ 有利因素：有较好的研究基础，口岸检疫处理需求大，符合社会发展趋势 ↓ 不利因素：技术难度大、周期长	入侵杂草绿色环保熏蒸剂筛选技术	近期● 中期 长期
基于GC-MS的入侵杂草化学指纹图谱库的建立及应用	低● 中 高 技术储备充足，技术上容易实现	↑ 有利因素：研究基础较好，技术风险小 ↓ 不利因素：经费投入大，推广难度大	基于GC-MS的入侵杂草化学指纹图谱库及快速鉴定技术	近期● 中期 长期
基于PCR的入侵杂草快速鉴定技术	低● 中 高 技术上容易实现	↑ 有利因素：研究基础好，口岸检疫鉴定需求大 ↓ 不利因素：经费投入大，研究成本较高	基于PCR的入侵杂草快速鉴定技术	近期● 中期 长期

（续表）

顶级研发需求	风险	利润影响因素	关键技术	时间节点
高效、多维的入侵杂草快速鉴定技术	低 中 高 口岸快速鉴定技术整合有一定难度	有利因素：有较好的研究基础，口岸检疫鉴定需求大 不利因素：经费投入大，研究成本高	高效、多维的入侵杂草快速鉴定技术	近期 中期 长期
新发外来入侵杂草疫点/疫区根除技术	低 中 高 入侵杂草成功定殖后根除难度大	有利因素：社会及产业亟须，有较好的技术储备 不利因素：实施难度大，经费投入多	新发外来入侵杂草疫点/疫区根除技术	近期 中期 长期
高效、环保的化学药剂筛选及应用	低 中 高 已有成熟的化学药剂筛选及应用技术可以借鉴	有利因素：研究基础较好，产业发展亟须 不利因素：技术难度大，周期长	高效、环保的化学除草剂应用技术	近期 中期 长期
入侵杂草应急防控药剂筛选与田间药效评价	低 中 高 在已有杀虫剂进行针对性的筛选	有利因素：研究基础较好，防控亟须 不利因素：实施周期长，资金投入大	入侵杂草应急防控技术及应用	近期 中期 长期
入侵杂草产地、运输检疫及阻截技术标准制定	低 中 高 产地及运输过程检测难度较大，难以实现彻底阻截	有利因素：研究基础较好，产业发展亟须 不利因素：实施难度大，需要长期持续监测	入侵杂草产地、运输检疫及阻截技术	近期 中期 长期

二、绘制顶级研发需求的风险—利润技术路线图

将顶级研发需求项目置于以风险程度为横轴、以利润为纵轴的坐标系中，通过该坐标系显示每一个顶级研发需求项目风险和利润之间的相关性，为科技主管部门或者产业联盟领导在项目立项、科研经费投入等方面作出科学判断提供依据。外来入侵害虫领域的顶级研发需求风险—利润路线图见图6–4，图中项目编号对应于表6–7中相应编号的项目名称；外来入侵植物病害领域的顶级研发需求风险—利润路线图见图6–5，图中项目编号对应于表6–8中相应编号的项目名称；外来入侵杂草领域的顶级研发需求风险—利润路线图见图6–6，图中项目编号对应于表6–9中相应编号的项目名称。

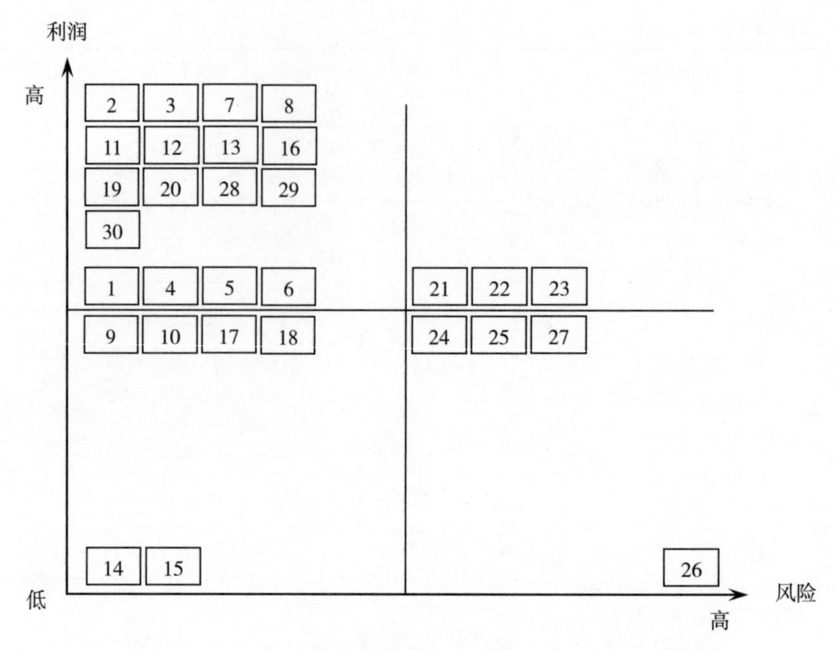

图6-4　外来入侵害虫领域顶级研发需求风险—利润路线图

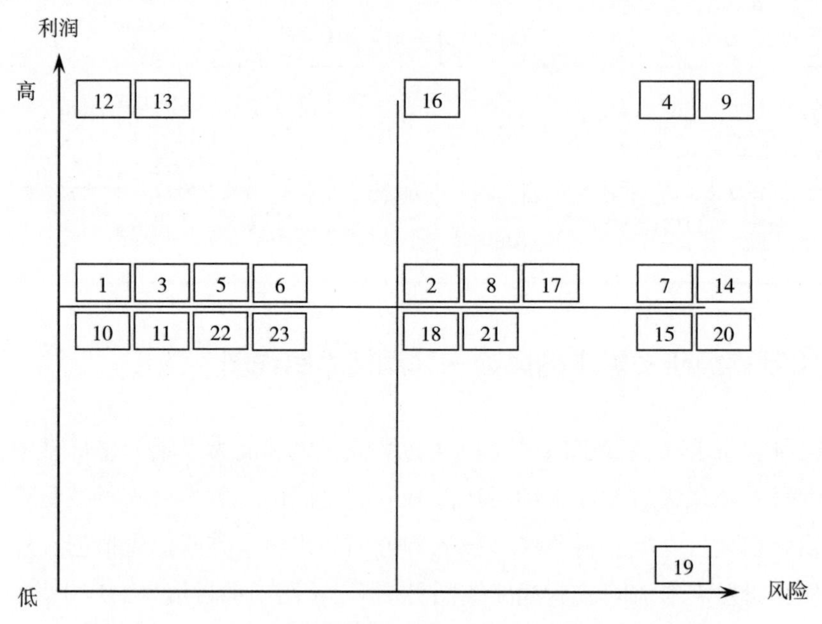

图6-5　外来入侵植物病害领域顶级研发需求风险—利润路线图

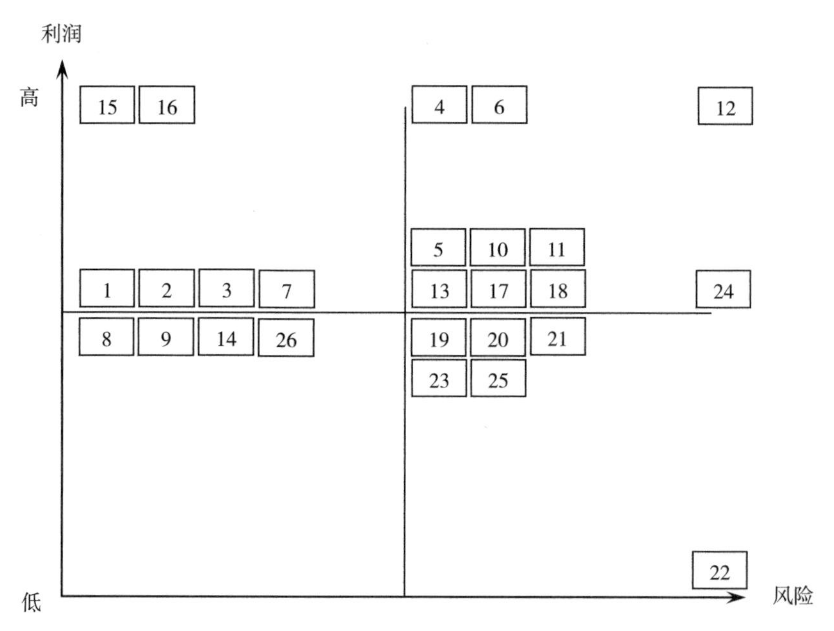

图6-6 外来入侵杂草领域顶级研发需求风险—利润路线图

表6-7 外来入侵害虫领域顶级研发需求风险—利润

编号	项目名称	风险	利润
1	广东省农作物重要潜在入侵害虫筛选	低	中
2	广东省农作物重要潜在入侵害虫的预警体系研究	低	高
3	广东省农作物重要潜在入侵害虫的风险评估技术	低	高
4	入侵害虫绿色环保熏蒸剂筛选及应用	低	中
5	基于性引诱剂的入侵害虫监测技术	低	中
6	基于GC-MS的入侵害虫化学指纹图谱库的建立及应用	低	中
7	基于色板的小型入侵害虫监测技术	低	高
8	高效、多维的入侵害虫快速鉴定技术	低	高
9	基于PCR的入侵害虫快速鉴定技术	低	中
10	基于GC-MS的入侵害虫快速鉴定技术	低	中
11	入侵害虫热处理检疫技术	低	高
12	入侵害虫低温处理检疫技术	低	高
13	入侵害虫辐照处理检疫技术	低	高
14	入侵害虫产地、运输检疫及阻截技术标准制定	低	低
15	新发外来入侵害虫疫点/疫区划分标准	低	低
16	新发外来入侵害虫疫点/疫区根除技术	低	高

（续表）

编号	项目名称	风险	利润
17	广东省农业入侵害虫早期预警平台	低	中
18	广东省农业入侵害虫防控信息平台	低	中
19	高效、环保的化学药剂筛选及应用	低	高
20	入侵害虫应急防控药剂筛选与田间药效评价	低	高
21	重大外来入侵害虫的成灾机制研究	中	中
22	重大外来入侵害虫的入侵特性研究	中	中
23	重大外来入侵害虫的种群形成与扩散机制研究	中	中
24	重大外来入侵害虫的跨境传入途径分析	中	中
25	重大外来入侵害虫的种群溯源研究	中	中
26	境外农业入侵害虫种类及分布调查	高	低
27	重大外来入侵害虫的定殖机制研究	中	中
28	政产学研推的协调及部门联动工程	低	高
29	入侵害虫的识别知识普及工程	低	高
30	入侵害虫的防控技术普及工程	低	高

表6-8　外来入侵植物病害领域顶级研发需求风险—利润

编号	项目名称	风险	利润
1	广东省农作物重要潜在入侵植物病害筛选	低	中
2	广东省农作物重要潜在入侵植物病害的预警体系研究	中	中
3	广东省农作物重要潜在入侵植物病害的风险评估技术	低	中
4	高效、多维的入侵植物病害快速鉴定技术	高	高
5	基于数字PCR的入侵植物病害快速鉴定技术	低	中
6	基于LAMP的入侵植物病害快速鉴定技术	低	中
7	入侵植物病害产地、运输检疫及阻截技术标准制定	高	中
8	新发外来入侵植物病害疫点/疫区划分标准	中	中
9	新发外来入侵植物病害疫点/疫区根除技术	高	高
10	广东省农业入侵植物病害早期预警平台	低	中
11	广东省农业入侵植物病害防控信息平台	低	中
12	高效、环保的化学药剂筛选及应用	低	高
13	入侵植物病害应急防控药剂筛选与田间药效评价	低	高

（续表）

编号	项目名称	风险	利润
14	重大外来入侵植物病害的成灾机制研究	高	中
15	重大外来入侵植物病害的入侵特性研究	高	中
16	重大外来入侵植物病害的传播扩散机制研究	中	高
17	重大外来入侵植物病害的跨境传入途径分析	中	中
18	重大外来入侵植物病害溯源研究	中	中
19	境外农业入侵植物病害种类及分布调查	高	低
20	重大外来入侵植物病害的定殖机制研究	高	中
21	政产学研推的协调及部门联动工程	中	中
22	入侵植物病害的识别知识普及工程	低	中
23	入侵植物病害的防控技术普及工程	低	中

表6-9　外来入侵杂草领域顶级研发需求风险—利润

编号	项目名称	风险	利润
1	广东省农作物重要潜在入侵杂草筛选	低	中
2	广东省农作物重要潜在入侵杂草的预警体系研究	低	中
3	广东省农作物重要潜在入侵杂草的风险评估技术	低	中
4	入侵杂草绿色环保熏蒸剂筛选及应用	中	高
5	基于GC-MS的入侵杂草化学指纹图谱库的建立及应用	低	中
6	高效、多维的入侵杂草快速鉴定技术	中	高
7	基于PCR的入侵杂草快速鉴定技术	低	中
8	基于GC-MS的入侵杂草快速鉴定技术	低	中
9	入侵杂草辐照处理检疫技术	低	中
10	入侵杂草产地、运输检疫及阻截技术标准制定	中	中
11	新发外来入侵杂草疫点/疫区划分标准	中	中
12	新发外来入侵杂草疫点/疫区根除技术	高	高
13	广东省农业入侵杂草早期预警平台	中	中
14	广东省农业入侵杂草防控信息平台	低	中
15	高效、环保的化学药剂筛选及应用	低	高
16	入侵杂草应急防控药剂筛选与田间药效评价	低	高
17	重大外来入侵杂草的成灾机制研究	中	中

（续表）

编号	项目名称	风险	利润
18	重大外来入侵杂草的入侵特性研究	中	中
19	重大外来入侵杂草的种群形成与扩散机制研究	中	中
20	重大外来入侵杂草的跨境传入途径分析	中	中
21	重大外来入侵杂草的种群溯源研究	中	中
22	境外农业入侵杂草种类及分布调查	高	低
23	重大外来入侵杂草的定殖机制研究	中	中
24	政产学研推的协调及部门联动工程	高	中
25	入侵杂草的识别知识普及工程	中	中
26	入侵杂草的防控技术普及工程	低	中

三、绘制顶级研发需求技术发展模式路线图

将顶级研发需求项目置于以时间为横轴、以技术发展模式为纵轴的坐标系中，通过该坐标系显示每一个顶级研发需求项目技术发展模式与时间的关系。外来入侵害虫领域的顶级研发需求技术发展模式路线图见图6-7，图中项目编号对应于表6-10中相应编号的项目名称；外来入侵植物病害领域的顶级研发需求技术发展模式路线图见图6-8，图中项目编号对应于表6-11中相应编号的项目名称；外来入侵杂草领域的顶级研发需求技术发展模式路线图见图6-9，图中项目编号对应于表6-12中相应编号的项目名称。

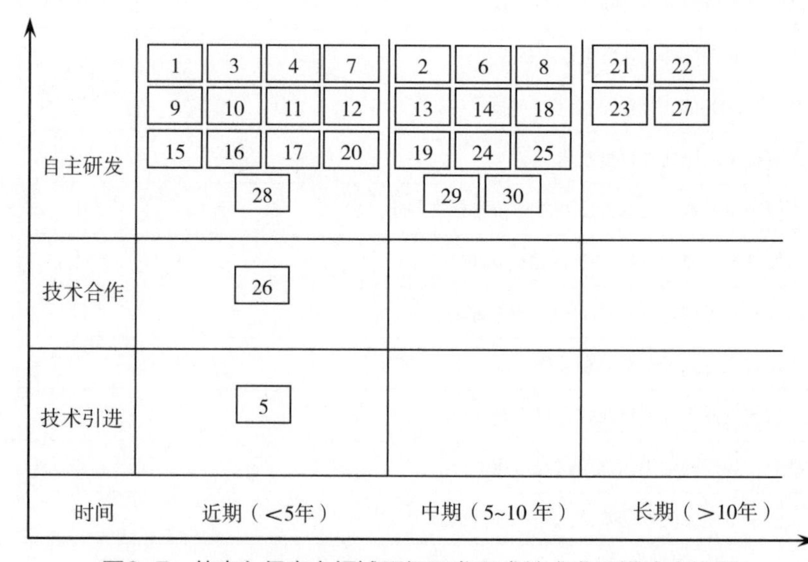

图6-7　外来入侵害虫领域顶级研发需求技术发展模式路线图

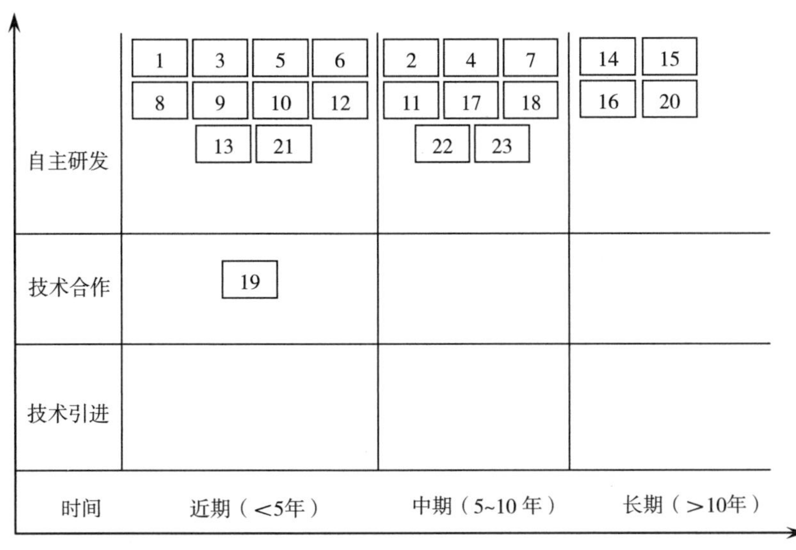

图6-8 外来入侵植物病害领域顶级研发需求技术发展模式路线图

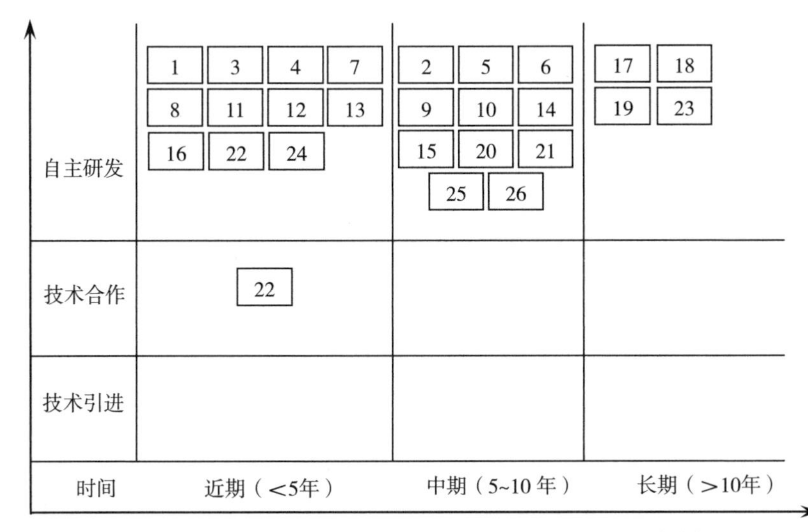

图6-9 外来入侵杂草领域顶级研发需求技术发展模式路线图

表6-10 外来入侵害虫领域顶级研发需求项目技术发展模式

编号	项目名称	近期	中期	长期	技术发展模式
1	广东省农作物重要潜在入侵害虫筛选	●			自主研发
2	广东省农作物重要潜在入侵害虫的预警体系研究		●		自主研发
3	广东省农作物重要潜在入侵害虫的风险评估技术	●			自主研发
4	入侵害虫绿色环保熏蒸剂筛选及应用	●			自主研发
5	基于性引诱剂的入侵害虫监测技术	●			技术引进

（续表）

编号	项目名称	近期	中期	长期	技术发展模式
6	基于GC-MS的入侵害虫化学指纹图谱库的建立及应用		●		自主研发
7	基于色板的小型入侵害虫监测技术	●			自主研发
8	高效、多维的入侵害虫快速鉴定技术		●		自主研发
9	基于PCR的入侵害虫快速鉴定技术	●			自主研发
10	基于GC-MS的入侵害虫快速鉴定技术	●			自主研发
11	入侵害虫热处理检疫技术	●			自主研发
12	入侵害虫低温处理检疫技术	●			自主研发
13	入侵害虫辐照处理检疫技术		●		自主研发
14	入侵害虫产地、运输检疫及阻截技术标准制定		●		自主研发
15	新发外来入侵害虫疫点/疫区划分标准	●			自主研发
16	新发外来入侵害虫疫点/疫区根除技术	●			自主研发
17	广东省农业入侵害虫早期预警平台	●			自主研发
18	广东省农业入侵害虫防控信息平台		●		自主研发
19	高效、环保的化学药剂筛选及应用		●		自主研发
20	入侵害虫应急防控药剂筛选与田间药效评价	●			自主研发
21	重大外来入侵害虫的成灾机制研究			●	自主研发
22	重大外来入侵害虫的入侵特性研究			●	自主研发
23	重大外来入侵害虫的种群形成与扩散机制研究			●	自主研发
24	重大外来入侵害虫的跨境传入途径分析		●		自主研发
25	重大外来入侵害虫的种群溯源研究		●		自主研发
26	境外农业入侵害虫种类及分布调查	●			中外合作研发
27	重大外来入侵害虫的定殖机制研究			●	自主研发
28	政产学研推的协调及部门联动工程	●			自主研发
29	入侵害虫的识别知识普及工程		●		自主研发
30	入侵害虫的防控技术普及工程		●		自主研发

表6-11　外来入侵植物病害领域顶级研发需求项目技术发展模式

编号	项目名称	近期	中期	长期	技术发展模式
1	广东省农作物重要潜在入侵植物病害筛选	●			自主研发
2	广东省农作物重要潜在入侵植物病害的预警体系研究		●		自主研发
3	广东省农作物重要潜在入侵植物病害的风险评估技术	●			自主研发
4	高效、多维的入侵植物病害快速鉴定技术		●		自主研发
5	基于数字PCR的入侵植物病害快速鉴定技术	●			自主研发
6	基于LAMP的入侵植物病害快速鉴定技术	●			自主研发
7	入侵植物病害产地、运输检疫及阻截技术标准制定		●		自主研发
8	新发外来入侵植物病害疫点/疫区划分标准	●			自主研发
9	新发外来入侵植物病害疫点/疫区根除技术	●			自主研发
10	广东省农业入侵植物病害早期预警平台	●			自主研发
11	广东省农业入侵植物病害防控信息平台		●		自主研发
12	高效、环保的化学药剂筛选及应用	●			自主研发
13	入侵植物病害应急防控药剂筛选与田间药效评价	●			自主研发
14	重大外来入侵植物病害的成灾机制研究			●	自主研发
15	重大外来入侵植物病害的入侵特性研究			●	自主研发
16	重大外来入侵植物病害的传播扩散机制研究			●	自主研发
17	重大外来入侵植物病害的跨境传入途径分析		●		自主研发
18	重大外来入侵植物病害溯源研究		●		自主研发
19	境外农业入侵植物病害种类及分布调查	●			中外合作研发
20	重大外来入侵植物病害的定殖机制研究			●	自主研发
21	政产学研推的协调及部门联动工程	●			自主研发
22	入侵植物病害的识别知识普及工程		●		自主研发
23	入侵植物病害的防控技术普及工程		●		自主研发

表6-12 外来入侵杂草领域顶级研发需求项目技术发展模式

编号	项目名称	近期	中期	长期	技术发展模式
1	广东省农作物重要潜在入侵杂草筛选	●			自主研发
2	广东省农作物重要潜在入侵杂草的预警体系研究		●		自主研发
3	广东省农作物重要潜在入侵杂草的风险评估技术	●			自主研发
4	入侵杂草绿色环保熏蒸剂筛选及应用	●			自主研发
5	基于GC-MS的入侵杂草化学指纹图谱库的建立及应用		●		自主研发
6	高效、多维的入侵杂草快速鉴定技术		●		自主研发
7	基于PCR的入侵杂草快速鉴定技术	●			自主研发
8	基于GC-MS的入侵杂草快速鉴定技术	●			自主研发
9	入侵杂草辐照处理检疫技术		●		自主研发
10	入侵杂草产地、运输检疫及阻截技术标准制定		●		自主研发
11	新发外来入侵杂草疫点/疫区划分标准	●			自主研发
12	新发外来入侵杂草疫点/疫区根除技术	●			自主研发
13	广东省农业入侵杂草早期预警平台	●			自主研发
14	广东省农业入侵杂草防控信息平台		●		自主研发
15	高效、环保的化学药剂筛选及应用		●		自主研发
16	入侵杂草应急防控药剂筛选与田间药效评价	●			自主研发
17	重大外来入侵杂草的成灾机制研究			●	自主研发
18	重大外来入侵杂草的入侵特性研究			●	自主研发
19	重大外来入侵杂草的种群形成与扩散机制研究			●	自主研发
20	重大外来入侵杂草的跨境传入途径分析		●		自主研发
21	重大外来入侵杂草的种群溯源研究		●		自主研发
22	境外农业入侵杂草种类及分布调查	●			中外合作研发
23	重大外来入侵杂草的定殖机制研究			●	自主研发
24	政产学研推的协调及部门联动工程	●			自主研发
25	入侵杂草的识别知识普及工程		●		自主研发
26	入侵杂草的防控技术普及工程		●		自主研发

第三节

绘制综合技术路线图

将市场需求分析研讨会、产业目标分析研讨会、技术壁垒分析研讨会、研发需求分析研讨会的内容进行整合、凝练，再根据广东省农业入侵有害生物防控产业地位与状况、市场需求、防控产业模式和发展途径等，绘制出外来入侵害虫、外来入侵植物病害、外来入侵杂草3个领域的技术路线图（图6–10至图6–12），最后汇总形成广东省农业入侵有害生物防控技术路线图（图6–13）。

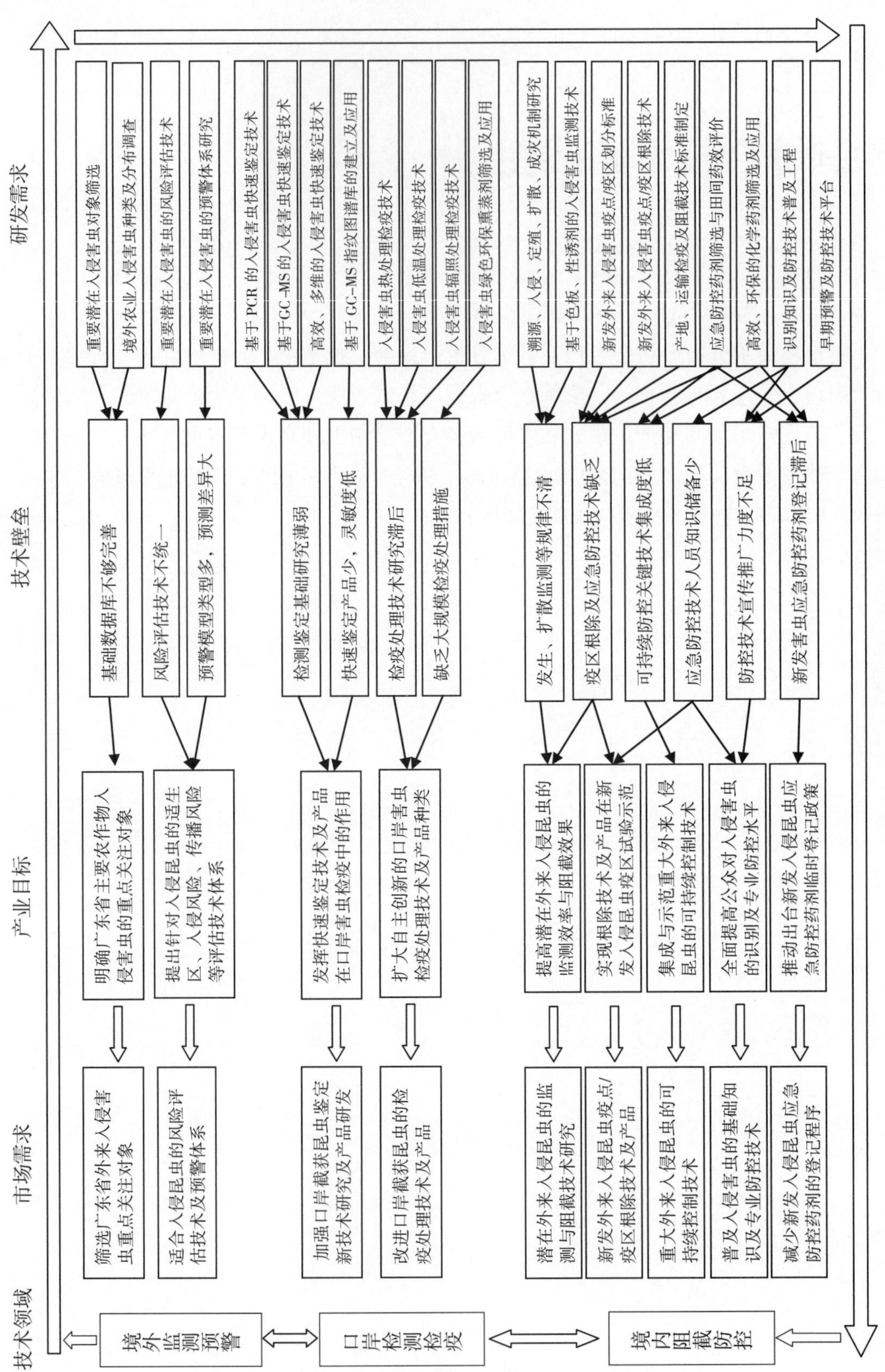

图6-10 广东省农业入侵害虫防控技术路线图

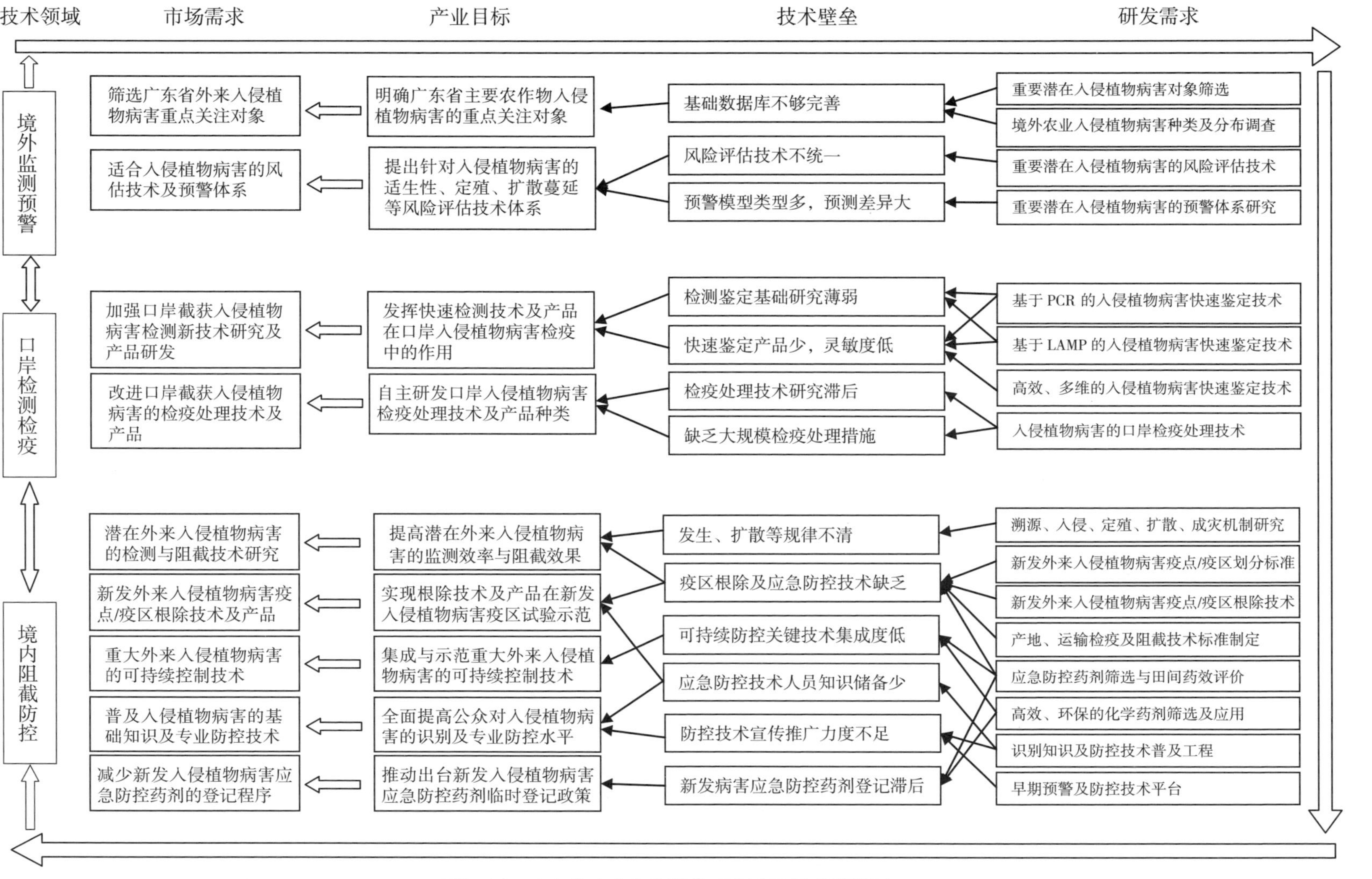

图6-11 广东省农业入侵植物病害防控技术路线图

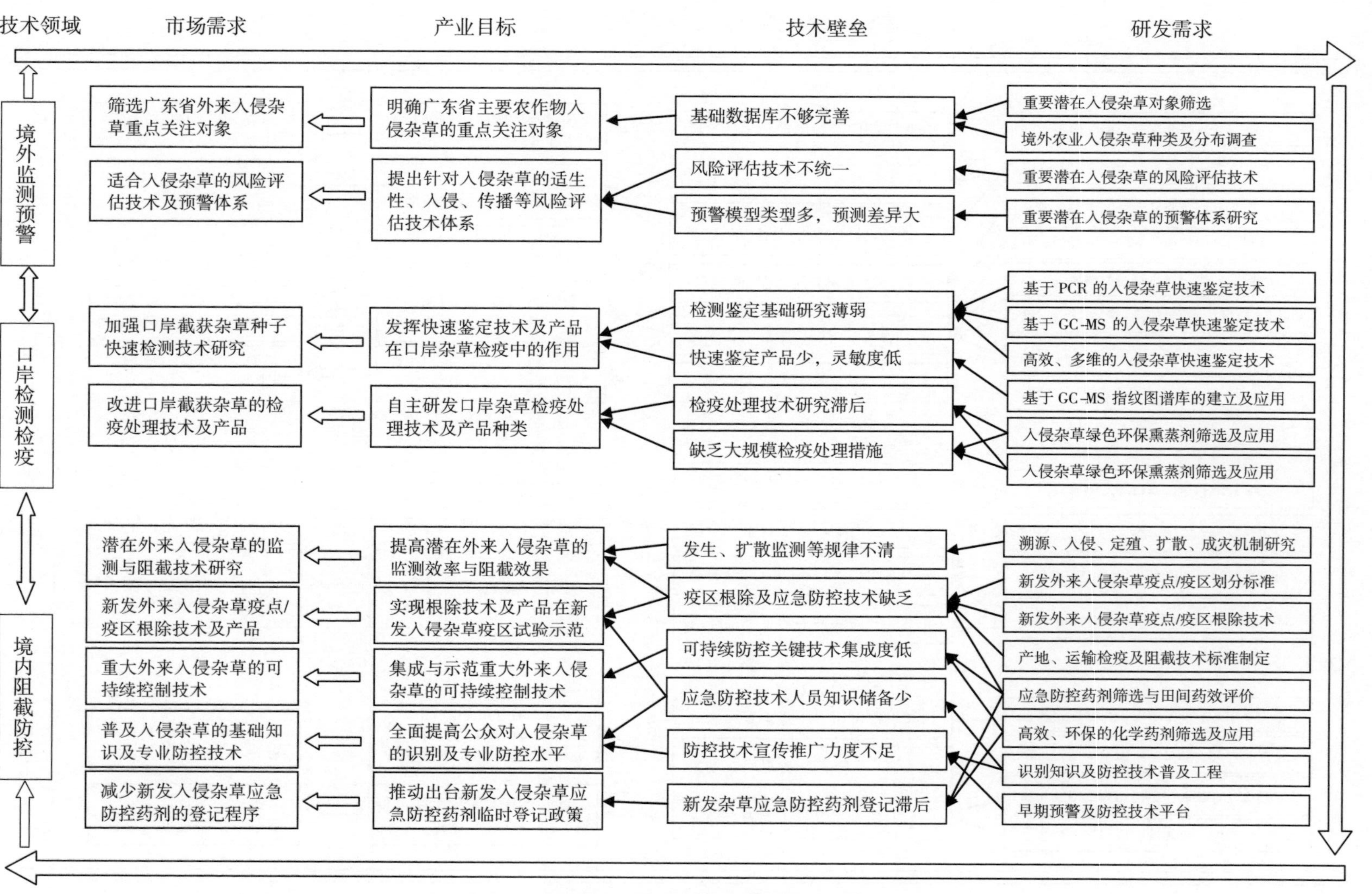

图6-12　广东省农业入侵杂草防控技术路线图

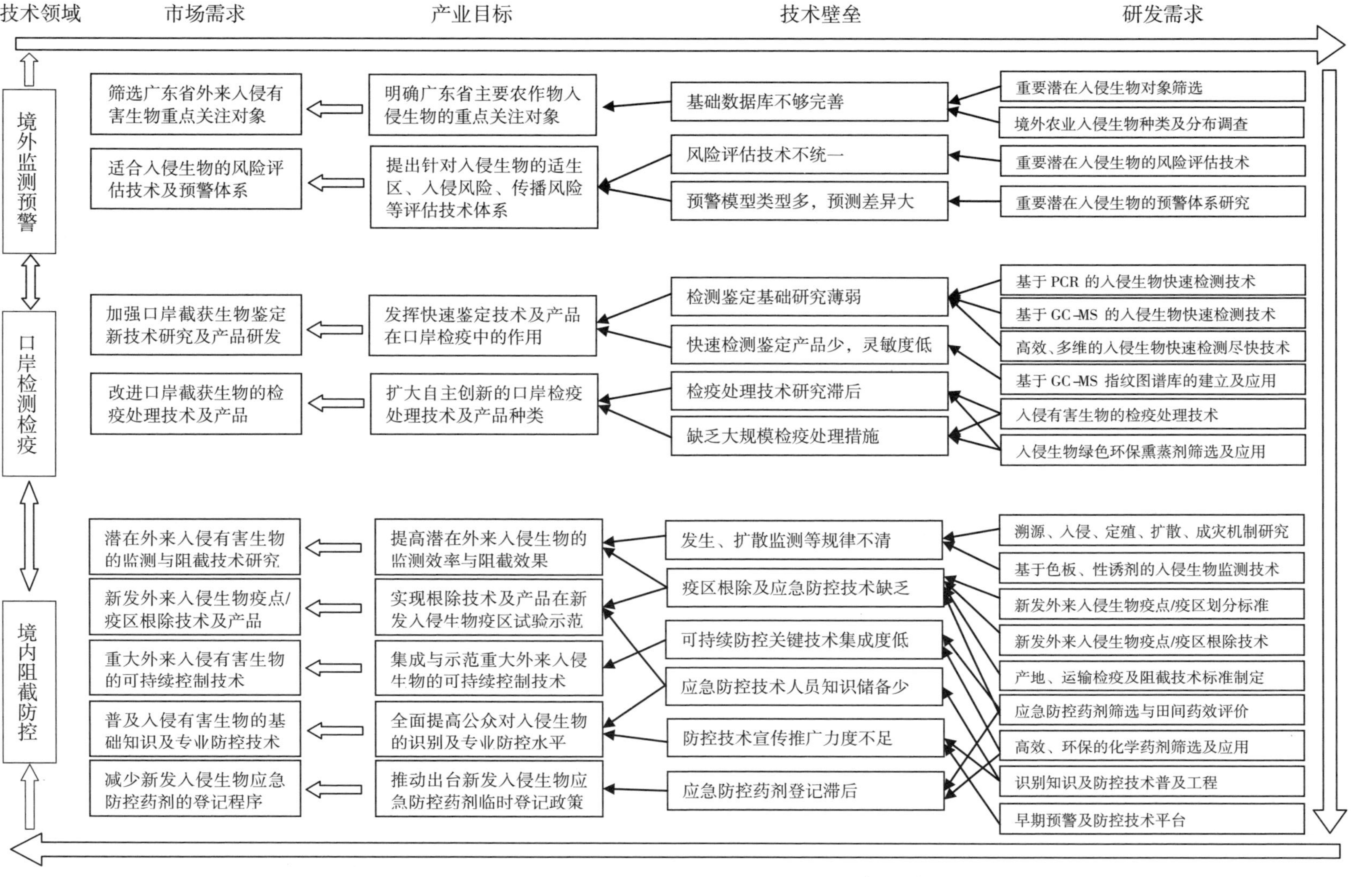

图6-13 广东省农业入侵有害生物防控技术路线图（总图）

致　谢

本书出版得到广东省农业农村厅植保植检处陈喜劳，广东省农业有害生物预警防控中心陈玉托，华南农业大学陆永跃、邱宝利、何余容，广东省林业科学研究院黄焕华，广东省生物资源应用研究所韩诗畴，仲恺农业工程学院林进添，广东省粮食科学研究所劳传忠，中国水产科学研究院珠江水产研究所胡隐昌等的支持，在此表示衷心感谢！

编者

2020年3月